国家出版基金项目

中国工程院

中国工程科技2040发展战略丛书

中国工程科技2040发展战略

机械与运载领域报告

“中国工程科技2040发展战略研究”项目组

科学出版社
龍門書局
北京

内 容 简 介

《中国工程科技 2040 发展战略·机械与运载领域报告》在全面梳理国际科技前沿动态的基础上，紧密结合全面建设社会主义现代化国家的战略需求，提出面向 2040 年中国机械与运载领域工程科技的发展思路、战略目标与总体架构，各子领域的重点任务、重大工程与重大工程科技项目，以及工程科技需求牵引的基础研究方向建议。

本书涵盖机械、航天、海洋装备、交通运输等多个子领域，系统性、综合性、前瞻性强，可为相关政府部门系统谋划和前瞻部署提供参考，为科研工作者把握学科前沿动态、明确研究方向提供指引，为科技企业洞察行业发展趋势、优化企业技术创新布局提供助力，同时智库研究人员、社会公众也可通过本书了解机械与运载领域工程科技发展状况和未来图景。

图书在版编目（CIP）数据

中国工程科技 2040 发展战略. 机械与运载领域报告 / “中国工程科技2040发展战略研究”项目组编. -- 北京 : 龙门书局, 2025. 6. -- ISBN 978-7-5088-6746-5

Ⅰ. G322; TH11-12; V553-12

中国国家版本馆 CIP 数据核字第 2025AU0611 号

责任编辑：石 卉 张春贺 / 责任校对：张小霞
责任印制：师艳茹 / 封面设计：有道文化

科学出版社
龍門書局 出版
北京东黄城根北街 16 号
邮政编码：100717
http://www.sciencep.com
北京中科印刷有限公司印刷
科学出版社发行 各地新华书店经销
*
2025 年 6 月第 一 版 开本：720×1000 1/16
2025 年 6 月第一次印刷 印张：11 1/4
字数：180 000

定价：98.00 元

（如有印装质量问题，我社负责调换）

“中国工程科技未来20年发展战略研究”

联合领导小组

组　长：李晓红　窦贤康

副组长：邓秀新　王希勤

成　员（以姓氏笔画为序）：

王　岩　王振海　王璞玥　卢春房　付雪峰
刘　克　刘作仪　杨俊林　张守攻　张　军
张伯礼　周守为　洪　微　费爱国　姚玉鹏
贺克斌　聂建国　倪培根　赖一楠　谭天伟

联合工作组

组　长：樊新岩　姚玉鹏

成　员（以姓氏笔画为序）：

丁养兵　于　璇　马守磊　孙　粒　陈冰玉
焦　栋

“中国工程科技2040发展战略丛书”

编 委 会

秘书组

组　长： 黎青山　王崑声

副组长： 马守磊　孙　粒　周晓纪

成　员（以姓氏笔画为序）：

王宏伟　付　强　刘宇飞　刘晓刚　刘盛志
许彦卿　孙　磊　孙胜凯　李欣欣　杨　毅
杨晓迎　杨富裕　沈　顺　张永伟　张国生
张铁煊　张增志　陈　涛　陈　磊　陈欣意
周　源　郑文江　胡承志　贾　怡　徐熙阳
高　丹　黄廷锋　隋秀峰　黎成权　薛晓娟
魏　畅

《中国工程科技2040发展战略·机械与运载领域报告》

编　委　会

航 天 专 题

侯　晓　王礼恒　杜善义　包为民　曾广商
戚发轫　周志成　范瑞祥　朱广生　王国庆
李劲东　谭永华　陈海鹏　周佐新　赵元富
禹春梅

海洋装备专题

林忠钦　严新平　邱志明　李华军　朱英富
徐　青　何　琳　金东寒　柳存根　薛鸿祥
付世晓　胡可一　吴　刚　陈　刚　范　模
王　晋　肖龙飞　吴朝晖　李清平　翁震平
连　琏　李小平　汪学锋　金燕子　李彦庆
何炎平　李　铁　朱明华　刘建峰　王叶剑

汽 车 专 题

孙逢春　钟志华　郭孔辉　李　骏　李克强
项昌乐　张进华　余卓平　明平文　王震坡
黄学杰　原诚寅　吴志新　李耀华　温旭辉
廉玉波　李高鹏　贡　俊　李军求　王文伟

轨道交通装备专题

丁荣军　刘友梅　钱清泉　刘可安　王　军
张新宁　冯江华　尚　敬　刘海涛　徐绍龙
梅文庆　韩　亮　荣智林　杨　颖　闵永智
向超群

综合交通专题

项昌乐　孙逢春　严新平　王云鹏　赵祥模
贾利民　王长君　吴超仲　何洪文　刘　辉
曹先彬　蔡开泉　鲁光泉　李建威　徐　彬
王伟达　贺　宜

工 作 组

（以课题为序）

余 丽 隋秀峰 姬 学 杨晓迎 郭晓璐
孙 林 冉先喆 汪小卫 陈 蓉 庄方方
杨淑涵 张海霞 田辰玲 赵群力 吴 蔚
李慧熹 孙 超 白影春 翟 华 胡 淼
张璟瑜 王 莉 白卫齐 倪 俊 杨 超

总　　序

习近平总书记指出，“工程科技的每一次重大突破，都会催发社会生产力的深刻变革，都会推动人类文明迈向新的更高的台阶”。“中国工程科技未来20年发展战略研究”（以下简称“未来20年战略研究”）是中国工程院与国家自然科学基金委员会联合组织开展的工程科技中长期发展战略研究，是践行国家高端智库和思想库使命，围绕科技创新发展的全局和长远问题，强化科技战略咨询，引导全社会推进工程科技系统创新、引导我国科学家面向需求开展基础研究的重要抓手，自2009年迄今已开展三轮。当前，在中国迈入全面建成社会主义现代化强国的伟大征程这一历史节点，面向2040年开展未来20年战略研究，以人本视点、长远视角、全球视野谋划工程科技体系创新，对于发挥工程科技创新在中国式现代化伟大实践中的强大驱动和支撑作用，显得尤为重要。

一、明确战略导向，系统谋划工程科技体系创新，抢抓新一轮科技与产业革命的战略主动权

当前我们所处的时代，是一个正在孕育和推进巨大变革的时代。一是，新一轮科技革命和产业变革深入发展，新的“技术—经济”周期正在酝酿，科学研究不断突破人类认知边界，技术创新进入前所未有的密集活跃期，自然科学与工程技术正在经历一场空前的大整合，前沿科技领域即将发生一系列重大群体性突破，数字化、网络化、智能化加快与各领域融合，科技和产业形态正在发生体系性变革，一系列颠覆性技术和前沿技术将催生新产业、新模式、新动能，加速形成新质生产力。二是，科技革命与大国博弈相互交织，世界各国竞相布局新领域新赛道，高技术领域成为国际竞争最前沿和主战场，全球科技创新版图将持续进行深度重构，正在并将更加深刻地重塑全球秩序和发展格局，我国建设科技强国的环境更加复杂、任务更加艰巨、挑战更加严峻。三是，中国经济社会进入现代化发展新阶段，质量变革、效率变革、动力变革成为现代化发展的核心主题，本质要求以科技创新引领产业创新，以科技现代化支撑高质量发展，以科技强促进产业强、经济强、国家强，全面推进中华民族伟大复兴。

由此可见，面对百年未有之大变局，科技创新的战略导向十分紧要，工程科技的战略选择至关重要。站在新的历史方位，我们必须把握历史主动和战略主动，作为工程科技思想库，我们更加有责任对工程科技在中国式现代化发展中的作用做出回答，并且要做出系统、科学的回答。通过集聚群智，超前谋划、系统研究，深刻认识、准确把握、主动适应当代科技创新大势，统筹研究与解决工程科技领域战略性、方向性、全局性重大问题，策源重大战略、推动重大攻关，力争在新一轮科技革命的浪潮之巅掌握主动权，为中国乃至全球创新发展贡献方案和智慧，以工程科技赋能传统产业转型升级、培育壮大新兴产业、前瞻布局未来产业，引领现代化产业体系建设，充分发挥工程科技战略对我国工程科技进步和经济社会发展的引领作用。

二、擘画发展愿景，面向全球性挑战和人类共同未来，科学描绘工程科技发展路线图

科技进步在以空前的力量和速度改变人类生产和生活方式，但科技发展的不确定风险也为本就充满变数的世界带来诸多挑战。世界进入大科学时代，工程与科学技术的综合集成加速了科技转化和工程运行节奏，数字智能、绿色低碳和以人为本，成为未来20年全球工程科技创新的最突出主题，人工智能技术成为新一轮科技革命的核心驱动力，可望推动人类迈向普惠型智能社会，绿色、低碳发展成为人类应对气候变化生存危机的最根本路径，工程科技对经济社会及环境等方面的影响不断加深，工程实践日益成为一个社会建构的过程，不仅将引发产业变革，且将在更大程度上引起社会整体性变革，推进人类社会进入崭新的未来世界。与此同时，科技发展本身的风险不容忽视，物理世界、虚拟世界以及人类社会的脆弱性日益凸显，人类发展面临前所未有的挑战，战略失策的风险增加。面向未来，技术方向、技术路线选择是否正确，将决定能否抓住颠覆性创新的窗口期、把控产业体系重构的正确方向、把握技术路径与产业发展主导权，能否有效提高国家科技资源配置效率、满足安全发展和应对全球性挑战的需求，以及是否符合科技伦理的要求和全球科技治理格局重塑的需要。

因此，在不确定不稳定大变局下，我们将怎样看待2040年的中国？怎样看待2040年的世界？怎样看待2040年的人类社会？面对这些前景、挑战和不确定性，我们更加强调以科学的方法开展前瞻战略研究，更加强调立足人与社会的长远发展愿景，以更好地增进人类福祉为目标开展科技发展路径选择，更加强调考量社会经济发展需求与工程科技发展的双向作用。为此，在中国工程科技2040发展战略研究（以下简称“2040战略研究”）中，我们创新提出了“愿景驱动的工程科技2040发展战略研究”方法体系，进一步突出需求和愿景驱动，充分发挥工程科技的实践性、创造性、带动性和选择性作用，以更好、更有效地创造和满足人类发展需求为出发点，将技术预见、工程科技发展可能性与经济社会发展需求紧密结合，强调对未来经济社会与科技融合发展的愿景的预见和预判，深度描绘未来发展蓝图，以期选择正确的发展方向，谋划科学高效的发展路径，提出合理可行的发展策略，追求新兴技术与社会发展的和谐统一，通过工程科技的系统性创新与工程实践，主动塑造更加理想的未来，推动人类社会可持续、安全和健康发展。

三、突出联合优势，推动基础研究与工程科技的互融共促，全链条筑牢高水平自立自强根基

基础研究是科技创新的源头和先导，是实现高水平科技自立自强的根基和前提。当前，科学研究范式发生深刻变革，基础研究、应用研究、试验发展呈现非线性链接、互融共促的新特征，基础研究转化周期明显缩短，基础研究与工

程科技的关系将更加密切。从科技革命发展的态势看，国际科技竞争不断向基础前沿前移，要抢抓科技革命发展机遇，必须从底层做起，推动原创性、颠覆性科技创新，实现基础研究与产业研发的底层耦合与深度联动、理论与技术的闭环反馈与快速迭代，为发展新质生产力开辟新领域新赛道，塑造新动能新优势。与此同时，我国当前产业体系和重大工程关键环节仍存在一些短板弱项，其中很大一部分是对基础理论和基础问题认识不清造成的，聚焦现代化经济体系建设要求、产业链和产业生态体系安全发展要求，迫切需要加强需求牵引、问题导向的基础研究部署。

因此，在2040战略研究中，我们把从工程科技发展需求中特别是从重大工程建设需求中提出基础研究问题作为研究重点之一，以充分发挥中国工程院汇聚一大批工程科技界大师的优势，加强工程科技界和基础研究界院士专家的交流互动，围绕工程科技需求共同凝练基础研究问题，提高工程创新中的系统工程思维在基础研究领域整体谋划布局中的作用，强化基于国家战略需求的重大科学问题前瞻布局，促进基础研究与应用研究、成果转化融通发展，进而牵引和拓宽基础科学发展空间。同时，充分发挥国家自然科学基金委员会覆盖自然科学全领域的专家资源优势，加强重大任务和重大科技项目的凝练。这样，既能选择、引导、带动基础研究，又能推动工程科技创新与产业变革，为实现高水平科技自立自强、推动经济社会发展、建设现代化强国做出更大贡献。

总之，2040战略研究具有工程科技与经济社会发展结合紧、从基础研究到重大工程链条全、工程科技覆盖体系强、路线图研究积累深等特点，研究过程中，坚持以院士为核心、以专家为骨干，强调发挥战略科学家的作用，注重吸纳优秀中青年专家参加，动员了各领域近300位院士以及近900位专家，并通过技术预见调查等方式，吸收5000多位专家的意见，强化研究的开放性，充分凝聚各界智慧。在本套丛书即将付梓之际，我们谨对参与和指导项目研究的领导、院士、专家表示诚挚的感谢。

“中国工程科技2040发展战略丛书”包含1部综合报告，1部技术预见报告，11部领域战略研究报告，以及1部《中国工程科技2040发展战略·需求导向的基础研究导论》，力图通过较为系统、全面的战略研究和成果传播，在支撑国家战略规划和决策的同时，为社会各界了解工程科技发展态势、开展技术方向选择等提供指引，为各有关方面规划研究编制提供参考，推动社会各界共同推进工程科技创新，共同迎接和创造新的未来。

展望未来，中国工程院和国家自然科学基金委员会将继续鼎力合作，将未来20年战略研究作为长期任务加以推进，以期通过持续研究，不断提高研究的战略性、科学性与实践性，更好地引领工程科技创新，聚力推动社会主义现代化强国建设。

“中国工程科技未来20年发展战略研究”
工作联合领导小组

2025年2月

前　　言

党的二十大报告提出“2035年基本实现新型工业化”的战略目标，强调建设现代化产业体系。我们要坚持把发展经济的着力点放在实体经济上，推进新型工业化，加快建设制造强国、质量强国、航天强国、交通强国、网络强国、数字中国。其中，制造业是实体经济的基石，是建设现代化产业体系的核心领域，也是国民经济主体、科技创新的主战场。

机械与运载工程领域是制造业的重要组成部分，包括机械、航天、海洋装备、交通运输等子领域，所涉及的大多为技术密集型重大技术装备产业，无一例外地成为各国战略布局的重点。其中，机械子领域是制造业的关键组成，涵盖高档数控机床、机器人、通用机械、电机系统、增材制造等重点产业，对国民经济的发展起着基础性支撑作用；航天子领域是推动国防建设、科技创新和经济社会发展的战略性领域，也是国家综合国力的集中体现；海洋装备子领域是一切海洋活动的基础，与海洋相关的科技发展、工程应用以及海洋经济发展都离不开海洋装备；交通运输子领域是国民经济基础性、战略性、先导性产业，也是全面建成社会主义现代化强国的重要支撑。

党的十八大以来，我国制造业发展取得了历史性成就，航天事业、海洋科技在多方面取得重大突破，陆海空天运输实现跨越发展，一次次刷新“中国精度”“中国高度”“中国速度”。随着《中华人民共和国国民经济和社会发展第十四个五年规划和2035年远景目标纲要》的实施，制造强国、航天强国、海洋强国、交通强国建设初显成效，机械与运载领域工程技术创新持续加强，对带动我国产业结构优化调整，增强我国经济实力、科技实力、综合国力，提升我国核心竞争力，加快迈向全球价值链中高端产生了重要推动作用和支撑引领作用。

当前，新一轮科技革命和产业变革加速演进，信息技术、人工智能、云计算、大数据等新兴技术不仅促进了机械与运载领域向智能化发展，还催生了我们对于未来机械和运载领域的无限遐想，人们可以在陆海空天运输网络上自由穿梭，无人驾驶、无人飞船、无人航行等能够给人们带来更加安全的出行、更加高效的运转、更加舒适的体验。面向2040年，研判机械与运载领域发展趋势和关键技术方向，提出若干重大工程和重大工程科技项目、推进措施及政策建议，对于支撑我国深入实施强国战略具有重要意义。

本书关注世界工程科技发展的大趋势和大变化，强调中华民族伟大复兴的历史使命，突出未来经济社会形态对工程科技发展的重大需求，在明晰世界机械与运载领域的工程科技发展大势基础上，研判可能产生的重大科技突破，综合分析经济社会发展情况、技术图景和发展需求，提出机械与运载领域面向2040年中国工程科技发展的战略目标、重点任务；从战略性、引领性和系统性的角度，选择关键技术、关键共性技术及基础研究方向，凝练重大工程和重大工程科技项目，提出推进措施和政策建议，并绘制我国面向2040的机械与运载领域工程科技发展路线图。

本书研究组包括综合组和7个专题组。综合组负责组织各学部跨学科院士专家研讨，融合集成课题研究成果，形成综合战略研究报告；各专题组分别开展子领域工程科技发展战略研究。综合组组长为张军院士和郭东明院士。7个专题组分别是：机械（陈学东院士、王华明院士、蒋庄德院士、邓宗全院士、夏长亮院士牵头），航天（侯晓院士牵头），海洋装备（林忠钦院士牵头），航空（孙聪院士、尹泽勇院士牵头），汽车（孙逢春院士牵头），轨道交通装备（丁荣军院士牵头），综合交通（项昌乐院士牵头）。按照学部专业和工程科技的特点，7个专题被凝练成机械、航天、海洋装备、交通运输4个子领域。

本书依托“中国工程科技2040发展战略研究”项目，于2021年1月正式启动，历时三年半，聚集了数百位长期在一线工作的院士和专家学者，综合运用专家咨询、问卷调查、文献计量、发展路线图等战略研究方法，组织开展了多轮面向2040年技术预见的专家问卷调查，充分吸收专家的宝贵意见和建议，经过多轮迭代修改后形成本书。本书梳理了机械与运载领域面向2040年世界工程科技发展态势，描绘了中国工程科技的愿景与需求，介绍了机械与运载领域推动中国工程科技发展的关键技术、关键共性技术和颠覆性技术，提出了面向2040年的我国机械与运载领域工程科技的战略构想、重点任务、发展路径和政策建议，凝练出机械与运载领域12项重大工程和11项重大工程科技项目和26项建议优先部署的基础研究方向。

本书凝聚了项目组全体院士、专家和研究人员的心血，得到了参与技术预见和需求调研的各界同仁的大力支持，参与机构包括中国工程科技前沿交叉战略研究中心、北京理工大学、大连理工大学、中国机械工业集团有限公司、中国航天科技集团公司、上海交通大学、中国航空研究院、中国中车株洲电力机车研究所有限公司等数十家，在此不能一一列举，一并表示衷心的感谢。愿本书的出版，能进一步增进机械与运载领域工程科技交流，共同推进我国制造业技术进步和高质量发展。

《中国工程科技2040发展战略·机械与运载领域报告》编委会

2025年2月

目　录

第一章　面向2040年机械与运载领域世界工程科技发展态势

为推动机械与运载领域工程科技创新，世界主要国家积极推出相关发展战略和规划，以谋求占领世界技术发展的制高点并增强全球竞争力。总体来看，机械与运载领域以创新和高科技为特色的各类技术正按照安全、绿色、智能等技术路线发展，关键技术、颠覆性技术的创新研制与应用进程正在加快。

第一节　机械与运载领域世界工程科技发展状况

本节针对机械与运载领域世界主要国家和地区，包括美国、欧洲、日本和中国，系统梳理这些国家和地区的重大科技计划，分别论述机械、航天、海洋装备和交通运输四个子领域的国家战略布局特点。

一、美国

（一）推动低耗能、轻量化先进制造发展，构建数字化制造与设计体系

美国先后发布并实施“国家制造业创新网络”计划（2009年）、“先进制造伙伴关系”计划（2011年）、《美国“先进制造伙伴关系”战略》（2018年）、《国家先进制造业战略》（2022年）等，计划重点发展新一代制造过程及加工工艺技术、新材料、使能技术、工业环节研究等重点领域，以及增材制造、创新纤维纺织、低耗能半导体、轻质金属制造、复合材料、下一代电子电力制造技术、光子集成、数字化制造与设计创新等重点创新项目，旨在

加快研究先进传感与控制、开源数字化设计制造平台、轻量化材料创新、工业级先进计算技术、数字化制造等前沿技术，重点构建国家先进制造业创新网络，推动美国先进制造业的持续技术创新，促使制造业回流本土。尤其是2022年10月发布的《国家先进制造业战略》提出，只有确保其先进制造业全球领导地位才能实现促进经济增长、确保国家安全等七大愿景，并明确了开发和实施先进制造技术、壮大先进制造业劳动力队伍、提升制造业供应链弹性三大支柱。与前期战略规划相比，《国家先进制造业战略》有“两不变”（即保持技术、劳动力、供应链三大支柱在先进制造业中的核心作用不变，保持半导体、生物医药、先进材料、智能制造四大重点发展领域不变）和“三变”（即将清洁能源纳入先进制造重点技术发展领域、更加注重供应链弹性和稳定、提出“生物经济”概念）。

（二）坚持太空资源大规模抢占计划，构建一体化太空攻防系统

美国作为世界航天强国，其航天技术保持着世界先进性，并具有前瞻性，提出将确保美国在全球太空领域的领导地位和全球领先优势作为航天政策核心；实施一系列重大计划，如商业太空计划，联合多国实施“阿尔忒弥斯”（Artemis）计划，将航天作为重大战略领域予以重视。美国对空间资源开采立法，不承认太空资源是人类共同财产，为大规模抢占太空资源提供法律保障；计划2027年载人重返月球，之后常驻月球，建立“月球安全区”，抢占宝贵地月空间资源，并为未来载人火星探测奠定基础，宣布在2040年前完成载人火星探测任务；发布《太空安全的未来：未来30年的美国战略》，提出今后30年内太空经济活动的前沿会拓展到地月空间，建议加强地月空间开发。在国际合作与国际空间站建设方面，2021年6月，美国航空航天局（National Aeronautics and Space Administration，NASA）局长尼尔森（Nelson）在出席国会众议院听证会时表示，其支持“沃尔夫条款”（The Wolf Amendment）永久化，禁止中美两国之间任何与NASA有关或由白宫科

技政策办公室协调的联合科研活动，把中国永久排除在国际空间站等研究项目之外。美国继续国际空间站建设模式，计划建立月球空间站，使之成为月球门户和载人火星探索的中转站。此外，巨型低轨星座计划大量涌现。例如，美国太空探索技术公司（SpaceX）计划部署的“星链”（Starlink）星座卫星数量为 4.2 万颗，亚马逊公司规划的柯伊伯（Kuiper）星座卫星数量为 3236 颗。这些大规模星座卫星凭借先发优势，大量抢占了宝贵的近地轨道空间和通信频率资源。在国防太空体系建设方面，美国计划依托由这些大规模星座卫星构成的全球持续低时延数据通信网络，构建含七个功能层、一体化体系结构的太空攻防体系，使他国在太空领域几乎处于“透明”状态。

（三）发展大规模、高功率海洋装备，明确海洋观测、安全防务、能源开发和灾害预防等战略规划

美国近年来密集出台了一系列与海洋工程科技相关的重要战略研究报告及计划、规划，内容涵盖了海洋观测网络、海洋安全防务、海洋资源勘探和开发、海洋灾害预防等方面的装备及技术。其中，在海洋观测网络方面，提出要设计并打造具有适应性的研究和观测基础设施，将海洋认识和探索能力扩展到极地和深海等极端环境中，在船舶噪声控制和重型燃料使用上加强突破和应用。在海洋安全防务方面，2020 年美国国会研究处发布《海军部队结构与造船计划：国会的背景与问题》（Navy Force Structure and Shipbuilding Plans: Background and Issues for Congress），提出在2045年之前建立一支由373艘载人舰艇组成的舰队，并由大约150艘无人水面艇和无人潜航器提供支持。在海洋资源勘探和开发方面，宣布到2030年将部署30GW海上风电机组、到2050年建设110GW海上风电机组（岳芳，2021）；在海洋灾害预防方面，美国国家海洋局发布《2024—2028年战略计划》强调充分扮演“海洋和海岸数据收集、产品开发、数据传播和预测预警管理者”的角色，提高美国沿海地区的防灾能力。

（四）加快自动驾驶与人工智能赋能，构建智能、绿色、安全、高效的“水陆空”交通运输系统

美国先后发布《智能交通系统（ITS）战略规划2020—2025》（Intelligent Transportation Systems（ITS）Joint Program Office Strategic Plan 2020—2025，简称ITS战略）和《确保美国自动驾驶技术的领导地位：自动驾驶汽车4.0》（Ensuring American Leadership in Automated Vehicle Technologies：Automated Vehicles 4.0）。ITS战略提出六大规划领域，即新兴和使能技术（emerging and enabling technologies）、网络安全（cybersecurity）、数据访问和交换（data access and exchanges）、自动驾驶（automated driving）、完整出行（complete trip）、加速ITS部署（accelerating ITS deployment），强调自动驾驶和智能网联单点突破到新兴科技全面创新布局，以推动ITS技术的全生命周期发展，强调增强基础设施网联性，以“加速应用智能交通，转变社会运行方式”（accelerate the use of ITS to transform the way society moves）为愿景，助力人工智能技术赋能交通系统，突出智能网联交通等重点领域。《美国零碳排放行动计划》（America’s Zero Carbon Action Plan，ZCAP）明确所有交通领域各类载具的电气化（包括普通、混合动力和氢燃料电池）、先进的低碳生物燃料和可再生能源是其主要发展方向。在航空领域，美国NASA已经制定了“空域运行与安全性计划”“先进飞行器计划”“综合航空系统计划”“变革性航空概念计划”“航空学评价与试验能力计划”等五大航空技术研究计划，为空中交通管理、民机运营、能源利用、学科培养等领域发展提供支持。此外，NASA近年来启动的多个项目为提高航空运输效率、强化新型客机研发和高效空域管理等提供了支持。在汽车领域，自动驾驶成为美国确保其汽车领域地位的重要战略方向。美国部署了《自动驾驶系统2.0：安全愿景》《为未来的交通做准备：自动驾驶汽车3.0》《确保美国自动驾驶汽车技术的领导地位：自动驾驶汽车4.0》《自动驾驶汽车综合计划》等不同层面的科技战略计划，聚焦先进汽车、自动驾驶、车联网、车载储能和先进材料等领域，提出要推动发展基于清洁能源和车联网的新一代汽车技术，侧重研发与推广自动驾驶汽车。美国以《确保美国自动驾驶汽车技术的领导地位：自

动驾驶汽车4.0》为指导方针，重点突出自动驾驶汽车在道路交通系统中的核心作用。

二、欧洲

（一）推动制造业向智慧工厂、数字生产和可持续发展转型，构建形成新型的工业发展战略

欧盟启动的“地平线2020”，主要攻克国际前沿和竞争性科技难点，几乎涵盖了欧盟所有科研项目，分为基础研究、应用技术和应对人类面临的共同挑战三大部分，通过加大资助力度、协调不同资助计划、简化项目申请和管理等流程、探索新的资助机制等方式，整合各国科研资源，提高科研效率，促进科技创新，推动经济增长和增加就业。在此基础上，2021年欧盟批准了“欧洲地平线”（horizon Europe）计划，围绕为基础研究提供服务、促进创新、提升工业竞争力所面临的重大问题，重点支持包括制造业在内的重点领域，旨在将欧盟确立为领先的知识型经济体，以形成一流的科学和创新技术，借此提升欧洲的全球竞争力。

德国持续推进工业4.0（industrie 4.0）战略，以信息物理系统（cyber-physical systems，CPS）为核心，将机器、存储系统和生产设施整合成为智慧工厂，推动全新的制造模式诞生，增强德国制造的竞争力，为德国的工业设备出口开拓新的市场，同时转变以往只卖设备而服务性收入比重较小的状态，将重心从产品端向服务端转移，增强德国工业产品的持续盈利能力。2018 年，德国出台“高技术战略 2025”（hightech-strategie 2025，HTS 2025），作为德国促进科技创新的指导性战略。针对德国研究与创新政策的未来发展方向，HTS 2025 确定了包括“构建德国未来能力”（Developing Germany's future competencies）在内的三大行动领域和包括“技术基础”（the technological base）在内的12个优先发展主题。

法国政府为解决能源、数字革命、经济生活三大问题，先后推出了“新工业法国”计划、“法国 2030”计划，将法国“再工业化”总体布局定为

“一个核心，九大支点”。一个核心，即“未来工业”（the industry of the future），主要内容是实现工业生产向数字制造、智能制造转型，以生产工具的转型升级带动商业模式变革。九大支点包括大数据经济、环保汽车、新资源开发、现代化物流、新型医药、可持续发展城市、物联网、宽带网络与信息安全、智能电网等；重点聚焦大数据、云计算、网络安全技术等前沿技术，发展能够使法国保持领先地位的产业（如农业、食品和航空业等），同时布局法国在未来战略领域能够获得工业和技术主动权的产业（如绿色氢气、低碳飞机、联网汽车、海底和太空探索等）。“法国2030”计划提出五年内投资540亿欧元，确保法国战略行业转型并具有强大竞争力，以应对全球技术和环境挑战；在法国已经处于技术前沿的领域实施具有高度创新的颠覆性项目。

英国政府在欧盟时期即开始执行《英国工业2050战略》。该战略对英国2050年制造业提出四点要求，即快速敏锐地响应消费者需求，把握新的市场机遇，建立可持续发展制造业，以及培养更多的技术工人、加大力度培养高素质的劳动力等。通过科技改变生产，在未来采用信息通信技术、新材料等和生产网络融合，改变产品的设计、制造、提供甚至使用方式，重点推进传感、信息通信和制造技术的发展。2022年，英国商业、能源和产业战略部（Department for Business，Energy & Industrial Strategy，BEIS）发布了《英国创新战略：创造未来 引领未来》（UK Innovation Strategy：Leading the Future by Creating it）。该战略是英国应对脱欧、新冠疫情、新工业革命和全球竞争等综合挑战下制定的一项国家战略，指出加大对关乎未来的颠覆性技术创新的支持力度，围绕先进材料、人工智能及先进计算等关键技术系列，支持建立由企业主导的、具有颠覆性创新的“深科技”（deep tech）研究项目。

（二）强化空间领域优势，构建一体化发展及多领域合作的航天战略

欧洲在空间技术的国际合作与科技创新方面较为先进，具备局部优势。欧洲发布《欧洲航天战略》（Space Strategy for Europe）提出要强化航天在欧

洲社会经济发展中的重大作用，以及提升航天国际地位和全球市场竞争力。欧洲航天局发布《航天4.0：航天新时代》，推进欧洲迈入航天一体化。同时，欧洲航天局还提出“月球村”倡议，形成对地月空间探索的牵引态势；持续保持欧洲多家科研院所、公司在空间科学及专项技术方面的优势。欧洲部分国家还通过了太空资源立法。

俄罗斯改变全面领先思想，紧跟时代发展，继续保持航天强国地位。普京总统在载人空间飞行国际日（International Day of Human Space Flight）提出，俄罗斯在火箭发动机制造领域拥有优势，太空发射数量居世界第一位，俄罗斯还积极研发先进的运载火箭技术和航天器以及轨道卫星群等高科技太空产品。俄罗斯提出包括月球、火星在内的深空探测规划，并开展多种重型火箭的论证，以确保进入空间的能力位于世界先列。“安加拉-A5”重型运载火箭已经首飞成功，未来将加快“安加拉-A5”火箭性能提升工作，并开展新型主力火箭研制，以逐步替代现役火箭。此外，俄罗斯还注重与我国联合开展“国际月球科研站”建设工作。俄罗斯也与美国、欧洲公司开展合作，积极参与国际商业发射市场竞争，力求不断扩大市场份额。

（三）推动可持续发展，执行绿色、安全的海洋科技战略

欧洲的海洋装备业曾领先全球，目前仍聚集了诸多航运业巨头和主要配套企业，是全球航运领域绿色转型的领导者，并出台了一系列政策文件，推动了绿色船舶领域的标准制定。欧盟委员会（European Commission）于2019年12月正式提出了推动航运业绿色转型的“欧洲绿色协议”（The European Green Deal），规定自2024年1月1日起，欧盟碳排放交易体系（EU emission trading system，EU ETS）正式将航运业纳入其中。

英国作为老牌海洋强国，对世界海洋政策环境的动向也有较大影响。近年来，英国更加重视海洋研究的规划设计，先后制定《预见未来海洋》（Foresight Future of the Sea）《海事2050战略：引领未来》（Maritime 2050: Navigating the Future）《国家海洋设施2020—2021技术路线图》（National Marine Facilities Technology Roadmap 2020—2021）《国家造船战略》

（National Shipbuilding Strategy）《国家海洋安全战略》（National Maritime Security Strategy）等，为英国海洋工程科技的发展提供了指引。在海洋装备科技方面，英国对绿色智能船舶、海洋可再生能源、海洋监测等方面关注度颇高，提出到2025年所有用于英国水域的新船都被设计为零排放船舶，2035年广泛应用零排放燃料，2050年实现国内航运净零排放的愿景；未来10年要扩大和加速生产可负担得起的、清洁和安全的能源，包括核电和海上风能，2030年实现全民使用海上风电，海上风电的发展目标将从30GW提升到40GW。英国还制定了一系列海洋监测计划，帮助构建综合观测系统并确保海洋安全。

（四）实现碳中和，构建安全、环保、智能、高效的“海陆空”交通运输网络

欧洲交通领域规划方向通常以欧盟的战略计划为主，欧盟在交通运输领域的发展规划以绿色化、智能化为主要方向。在航空领域，欧盟运输委员会2020年发布了《单一欧洲天空空管研究计划》，以加快空中交通管理系统的现代化升级。2020年2月，欧洲航空安全局发布的人工智能发展路线图，旨在利用人工智能协助航空运输系统应对航空领域，如运输量增加、环境标准提高等新的挑战。2021年11月，欧盟委员会针对“欧洲地平线”计划提出的建立洁净航空（clean aviation）伙伴关系的议案正式生效，2022年3月启动的第一批项目投入41亿欧元用于清洁能源飞机等的技术研发工作。2022年6月，欧盟正式发布欧洲航空业新一轮的战略纲领——《航空绿色协议-欧洲可持续航空愿景》（Fly the Green Deal-Europe’s Vision for Sustainable Aviation），提出到2050年要实现欧洲航空业在全球市场份额达到60%以上。在汽车领域，欧盟“欧洲地平线”计划，确定要构建更具韧性、包容和民主的欧洲社会，并重点关注智能、绿色的汽车载具技术的发展。在轨道交通领域，欧洲提倡建立一体化的轨道综合交通系统。欧盟委员会第三次更新全欧交通网络（trans-european transport networks，TEN-T）规划，通过对既有铁路进行智能化改造，以期在2050年前实现交通减排90%。为加快欧洲铁路网

建设，欧盟正式启动欧洲铁路计划。在水运领域，欧洲主要集中于海洋运输。欧盟最早提出了“航运综合信息服务”（harmonized river information services，RIS）的概念并实施“E-航海”（E-navigation）战略，建立包含船端系统环境、物理链路、全球无线电导航支撑系统及岸基技术服务的航海保障综合服务体系。

三、日本

（一）推动制造业向数字化与绿色化转型，推进基础产业与前沿技术并行的制造强国建设

日本调整创新方向，关注制造业数字化、绿色化和供应链安全，注重在上游的原材料及使能技术、关键装备及零部件领域增加投入。2023年6月，日本发布《制造业白皮书（2023年版）》（2023年版ものづくり白書），这是自2002年以来，日本政府发布的第23份白皮书。《制造业白皮书（2023年版）》分析了日本、中国、美国、欧洲和韩国等主要国家（地区）在全球市场中的优势领域，以及在全球市场中的份额，包括具有代表性的最终产品、中间产品和零部件。《制造业白皮书（2023年版）》提出，日本制造业需要认清全球制造业的新动向，即未来要通过数字转型和绿色转型实现整体优化。日本还注重大力推动机床和工业机器人、半导体、蓄电池等制造业基础技术的产业振兴，以及人工智能、大数据、物联网、材料、光学/量子技术等前沿技术的研发。

（二）研发绿色智能船舶和深远海开发装备，布局零碳排放转型、深远海开发与“动态防卫”战略

日本海洋装备发展的重点在于研发绿色智能新型船舶、国家安全保障装备等。《海洋基本计划》（海洋基本計画）、《2050年碳中和绿色增长战略》（2050 年カーボンニュートラルに伴うグリーン成長戦略）、《海洋白皮书2022：接下来的10年将决定海洋的未来》（海洋白書2022 これからの 10年が海の未来を決める）等计划提出：在海洋装备绿色化发展方面，到2030

年海上风电装机容量达到10GW、到2040年达到30—45GW的发展目标，在2025—2030年开始实现零排放船舶的商用，到2050年将现有传统燃料船舶全部转化为氢、氨、液化天然气（liquefied natural gas，LNG）等低碳燃料动力船舶，提出将努力实现到2028年推出第一代“零排放船”的目标；在深远海装备方面，提出稳步推进北极和深海装备的研发应用，并制定了相应的阶段性目标；在安全保障方面，在从“基础开发”转向“动态防卫”的海洋政策下，提出加强以领海警备和岛屿防御为主的海洋维权以及加大海洋防灾减灾力度。

（三）数字化与电动化同步发展，构建安全、便利、环保的低成本陆地交通运输体系

日本在交通运输领域进行布局以大力发展自动驾驶，维护并保持日本在汽车行业的竞争力，同时进一步强调绿色发展的理念。日本重点强调未来几十年内要重点发展自动驾驶技术。2018年7月，日本发布第2期战略性创新推进（Strategic Innovation Promotion，SIP）计划，提出要加大对自动驾驶（系统和服务的扩展）的投入，重点开展自动驾驶系统的开发和验证、实用化的基础技术研究及提高社会对自动驾驶技术的接受度。2020年6月日本发布的《国土交通白皮书》（国土交通白書），重点介绍了小汽车出行诱导与自动驾驶等智慧交通技术应用的情况。2021年6月日本发布《官民智能交通系统（ITS）构想与路线图》（官民ITS構想・ロードマップ），通过信息空间与物理空间的融合，寻求经济发展与解决社会问题的平衡。在汽车载运工具方面，日本在继续保持传统汽车行业竞争力的同时，进一步发展新能源汽车，实现绿色化转型。2018年3月，为加快汽车产业互联、自动驾驶、共享变革，保持汽车产业竞争力，日本提出了“面向2050年xEV①战略”，提出到2050年，日本车在全球市场争取实现温室气体减排80%。在轨道交通领域，日本铁道综合技术研究所（Railway Technical Research Institute，RTRI）

① xEV包括纯电动车（battery electric vehicle，BEV）、即插电式混合动力汽车（plug-in hybrid Electric vehicle，PHEV）、油电混合动力汽车（hybrid electric vehicle，HEV）、燃料电池电动车（fuel cell electric vehicle，FCEV）。

为实现“以技术创新贡献于铁路发展和社会进步”的愿景，制定了2020—2025年度科研发展规划，旨在通过科技创新，进一步提升铁路安全性、环境友好性、便利性的同时降低铁路修建与养护成本。

四、中国

（一）持续推动制造业转型升级，构建新型工业化体系

近年来，国务院、中华人民共和国工业和信息化部（简称工信部）、中华人民共和国国家发展和改革委员会（简称发改委）等多个部门陆续出台相关支持政策，特别是针对产业基础（包括压力容器、泵阀、密封件等通用机械，以及电机系统等）、数控机床、机器人、增材制造等予以支持，促进了机械子领域的高质量发展。2015年5月，国务院颁布《中国制造2025》，将工业强基作为五大工程之一，并将高档数控机床和机器人列为拟大力推动发展的十项重点领域之一，大力推动夯实工业强基、加快高档数控机床等前沿技术和装备的研发。2016年12月，工信部、财政部公布《智能制造发展规划（2016—2020年）》，将研发高档数控机床与工业机器人、增材制造装备、智能传感与控制装备、智能检测与装配装备、智能物流与仓储装备五类关键技术装备作为智能制造装备创新发展重点。2017年11月，国务院印发《关于深化“互联网+先进制造业”发展工业互联网的指导意见》，提出围绕数控机床、工业机器人、大型动力装备等关键领域，形成一系列具备联网、计算、优化功能的新型智能装备。2019年10月，工信部、发改委等部门公布《制造业设计能力提升专项行动计划（2019—2022年）》，提出“在高档数控机床、工业机器人、汽车、电力装备、石化装备、重型机械等行业，以及节能环保、人工智能等领域实现原创设计突破”。2021年3月，第十三届全国人民代表大会第四次会议表决通过的《中华人民共和国国民经济和社会发展第十四个五年规划和2035年远景目标纲要》（简称《纲要》）进一步提出，实施产业基础再造工程，加快补齐基础零部件及元器件、基础软件、基础材料、基础工艺和产业技术基础等瓶颈短板；提出推动集成电路、航空航天、

船舶与海洋工程装备、机器人、先进轨道交通装备、先进电力装备、工程机械、高端数控机床、医药及医疗设备等产业创新发展。2021年12月，工信部等八部门发布《“十四五”智能制造发展规划》，提出研发智能立/卧式五轴加工中心、车铣复合加工中心、高精度数控磨床等工作母机，以及智能工控系统、智能工作母机、协作机器人、自适应机器人等新型装备；围绕关键工艺、工业母机、数字孪生、工业智能等重点领域，支持行业龙头企业联合高校、科研院所和上下游企业建设一批制造业创新载体。党的二十大报告进一步强调，要坚持以推动高质量发展为主题，着力提升产业链供应链韧性和安全水平。建设现代化产业体系，应坚持把发展经济的着力点放在实体经济上，推进新型工业化，加快建设制造强国、质量强国、网络强国、数字中国。实施产业基础再造工程和重大技术装备攻关工程，推动制造业高端化、智能化、绿色化发展。

（二）坚持自主研发航天技术装备，构建形成空间技术核心竞争力

《纲要》多次提到航天强国建设的相关内容。报告中特别提到针对“深空深地深海和极地探测”科技前沿领域攻关，对“宇宙起源与演化、透视地球等基础科学研究，火星环绕、小行星巡视等星际探测，新一代重型运载火箭和重复使用航天运输系统、地球深部探测装备、深海运维保障和装备试验船、极地立体观监测平台和重型破冰船等研制，探月工程四期、蛟龙探海二期、雪龙探极二期建设”开展攻关。“建设空间环境地基监测网、高精度地基授时系统、大型低速风洞、海底科学观测网、空间环境地面模拟装置”等国际重大科技基地设施。

经过60多年的发展，中国通过实施载人航天工程、北斗导航、探月工程、新一代运载火箭等航天重大工程，已建成中国空间站，自主掌握了相关关键核心技术，在进入空间、利用空间、探索空间等方面积累了丰富的经验和奠定了坚实的技术基础；布局了重型运载火箭、在轨服务与维护系统、载人月球探测等重大工程，并开展了前期技术攻关。

（三）强化海洋装备关键领域技术创新，加快建设海洋强国

中国政府十分重视海洋事业的发展，陆续出台了一系列加强海洋科技发展的计划，重点针对海洋可再生能源开发、绿色智能船舶、深海极地探测等关键领域的科技创新、产业发展等进行了前瞻性布局。《纲要》特别提出“积极拓展海洋经济发展空间”。我国积极开展深海运维保障船和装备试验船、极地立体观测平台和重型破冰船等研制；推进邮轮、大型液化天然气船舶和深海油气生产平台等研发应用；开展南海等地区天然气水合物试采；推动海上浮动式核动力平台等先进堆型示范等。国务院发布的《中国制造2025》将海洋工程装备和高技术船舶列入十大重点发展的领域之一，要求实现船舶工业由大到强的质的飞跃。

针对可再生能源开发、船舶制造业、深海装备等制定了一系列专项推进计划：在海洋可再生能源方面，提出有序推进海上风电基地建设，建设海洋能、储能、制氢、海水淡化等多种能源资源转换利用一体化设施；在绿色智能船舶方面，在深海极地探测领域，部署了“深海和极地关键技术与装备”国家重点研发计划重点专项，着力突破深水油气和水合物一体化勘探技术瓶颈，突破深海资源精准勘探、绿色开发、高效利用、监测评估等关键技术，突破深海生物资源原位观测、样品采集、培养保藏、深层次开发利用等关键技术。

（四）持续推动交通强国战略的实施，构建安全、便捷、高效、绿色、经济的现代化综合交通体系

2019年9月，中国发布《交通强国建设纲要》，提出“构建安全、便捷、高效、绿色、经济的现代化综合交通体系”，明确“到2035年，基本建成交通强国”；随后中国连续发布了《关于科技创新驱动加快建设交通强国的意见》《“十四五”现代综合交通运输体系发展规划》《交通运输领域新型基础设施建设行动方案（2021—2025年）》等指导性文件。在航空领域，中国的侧重点更偏向于民用航空的绿色化和智能化的发展。2020年，民航局印发实施《推进四型机场建设行动纲要（2020—2035年）》，全力建设现代化国

家机场体系。2021年12月，民航局印发《“十四五”民航绿色发展专项规划》，提出到2035年实现绿色低碳循环发展体系趋于完善、运输航空实现碳中性增长。2022年1月，民航局印发《智慧民航建设路线图》，明确了智慧民航建设各阶段目标、具体任务和前进方向。在汽车领域，《新能源汽车产业发展规划（2021—2035年）》提出“坚持电动化、网联化、智能化、共享化发展方向”；到2035年，“我国新能源汽车核心技术达到国际先进水平，质量品牌具备较强国际竞争力。纯电动汽车成为新销售车辆的主流，公共领域用车全面电动化，燃料电池汽车实现商业化应用，高度自动驾驶汽车实现规模化应用，充换电服务网络便捷高效，氢燃料供给体系建设稳步推进，有效促进节能减排水平和社会运行效率提升”。《国家综合立体交通网规划纲要》指出，推动形成以城市轨道交通为骨干、常规公交为主体的城市公共交通系统。在水运领域，我国明确智能航运是传统航运要素与现代高新技术结合的新业态，从2018年起，中国相关部委相继出台《智能航运发展指导意见》《内河航运发展纲要》等建设性文件。其中，《智能航运发展指导意见》提出到2035年，“较为全面地掌握智能航运核心技术，智能航运技术标准体系比较完善，形成以充分智能化为特征的航运新业态，航运服务、安全、环保水平与经济性进一步提升。到2050年，形成高质量智能航运体系，为建设交通强国发挥关键作用”。《内河航运发展纲要》提出，到2050年实现，“东西向跨区域水运大通道高效畅通，南北向跨水系联通”。

第二节　机械与运载领域世界工程科技国际先进水平

本节分别针对机械、航天、海洋装备和交通运输四个子领域，分析世界机械与运载领域工程科技国际先进水平，总结工程科技发展的突出特点并分析未来发展趋势。

一、制造业以高端化、智能化、绿色化为特点，高档数控机床、多功能机器人、通用机械、集成电机得到快速研发

世界各国加快推进制造业向高端化、智能化、绿色化方向发展，并持续加大变革性制造技术的研发投入，高档数控机床、多功能机器人、通用机械、集成电机等机械子领域工程科技发展取得重要进展。

（一）高端数控机床呈现智能化、高精度、高端化发展特征

随着人工智能技术的发展，为了满足制造业生产柔性化、制造自动化的发展需求，数控机床的智能化程度在不断提高，加工过程自适应控制、工艺智能优化、运行状态自主诊断与自主修复等功能不断完善。例如，美国超精密机床主轴回转精度可达0.0125μm且平均无故障时间都超过5000h、精度保持性可达10年以上，同时具备自感知、自诊断等高度智能化功能。美国、德国、日本等工业强国是当今世界在数控机床设计、制造和应用上技术先进、经验比较丰富的国家，在高档数控机床前沿技术开发、关键技术创新和标准制定方面仍处于绝对优势地位，并影响整个数控机床产业的发展。在高档数控系统、关键功能部件、机床整机、高端刀具、机电配套产品、产线成套装备以及先进制造服务产业方面，日本、德国和美国相关企业保持着全产业链的竞争力。

当前，对极大、极小尺寸和极高精度零件的需求十分迫切。例如，大口径非球面光学元件被广泛应用于遥感卫星、太空望远镜、地基望远镜（ground-based telescope）等精密光学系统，其单体主镜的口径可达3—7m。微结构功能元件在三维成像、光学聚焦、测量、冷却、减阻、润湿等方面的应用日趋广泛，其结构尺寸可达微纳米量级。随着对面型零件精度与表面完整性要求的提高，超精密加工过程中的材料去除量降低至微米、纳米甚至原子量级。我国天津大学提出的原子及近原子尺度制造是代表当前科技前沿水平的下一代制造技术。

（二）多功能机器人与各类场景紧密结合并逐步推广

工业机器人技术持续快速升级，正在从过去主要从事搬运、上下料等简

单操作的工作，向装配、打磨、抛光等高精度、高灵敏精密加工场景扩展。结合5G、人工智能、云计算、物联网等新一代信息技术，产业内逐步形成面向复杂应用工艺、面向柔性制造、面向特殊环境/领域应用的机器人技术与系统。在全球工业机器人产业链中，以日本发那科（Fanuc）、安川电机（Yaskawa）、德国库卡（Kuka）、瑞士阿西布朗勃法瑞公司（Asea Brown Boveri，ABB）等为代表的“四大家族”龙头企业在机器人本体制造，以及减速器、伺服电机（servo motor）及驱动、控制器等核心零部件制造等方面具有较大优势，处于垄断地位，如国外伺服电机与驱动系统平均无故障间隔时间（mean time between failure，MTBF）大于30 000h。国内机床的MTBF以500—1000h居多，而国外同类产品的MTBF是国内产品的2—4倍。

随着技术的不断进步，物流机器人、酒店机器人、医疗机器人、专业清洁机器人、陪伴机器人、养老助残机器人等各种不同类型的服务机器人已快速渗透到日常的生活场景中，提供引导、巡游、宣发、配送、健康护理等服务。医疗机器人尤其是手术机器人，已经成为机器人领域的“高需求产品”。其中，大部分是手术机器人，其次是用于康复和无创治疗的机器人，用于诊断的机器人仍然较少。

美国、日本、欧盟在特种机器人创新和市场推广方面全球领先。近年来，全球特种机器人整机性能持续提升，环境适应性不断增强，极端环境、危险作业等场景下的操作能力大幅增强，正迎来新需求爆发的机遇期，太空探测、深海探索、应急救援、危险作业、极端科考、攻坚探索等得到快速发展。

（三）通用机械呈现高端化、绿色化发展态势

通用机械是装备制造业中的基础性产业，其世界工程科技发展的最高水平主要体现在服役极端化和材料高端化、设计制造与维护的绿色化、全生命周期过程的智能化三个方面。比如，通用机械极端化服役环境达到了高温（1100℃）、高压（350MPa）、深冷（−269℃）、复杂腐蚀（含硫含酸）、超大直径（ϕ100m）、超大壁厚（400—500mm）、超长超高（101m）等标准。

目前，高端压缩机市场主要由发达国家主导，压缩机核心零件加工设备、高精度检测设备，以及滚动轴承、密封件、高精度齿轮、仪表、控制元器件等高端基础件均来自发达国家。比如，油气开采行业大功率高速压缩机的主机生产商（如库伯）均在美国；高压聚乙烯的装置核心装备——超高压压缩机（EHV compressor）的主要生产厂商为美国通用电气公司（General Electric Company）和瑞士布克哈德压缩机公司（Burckhardt Compression AG）。泵制造方面，欧美企业垄断了全球50%以上市场份额，如美国福斯（Flowserve）、日本荏原（Ebara）、瑞士苏尔寿（Sulzer）、德国凯士比（KSB）等，拥有各自的自主知识产权的水力模型（hydraulic model），其所生产的机器在性能、可靠性、低噪声、环保以及控制技术等方面已经达到较高水平，已经形成从计算机辅助设计（computer aided design，CAD）、计算机辅助工程（computer aided engineering，CAE）到计算机辅助制造（computer aided manufacturing，CAM）的柔性制造系统模式，掌握状态监测与故障诊断技术，生产的高参数泵产品具备高精度传感器监测、故障声光报警、自动启停、预防性维修提醒等功能，并可在高温、高压等极端环境中应用。在高端机械密封件及密封材料方面，尤其是超高低温、耐强腐蚀的密封件产品生产方面，欧美企业代表了国际先进水平，石化领域关键机械密封产品、核主泵密封装置长期被美国西屋电器公司、法国阿海珐（AREVA）、德国凯士比等公司垄断；高参数（20MPa以上、线速度200m/s以上）压缩机干气密封（dry running gas seals），主要生产厂商为美国约翰克兰（John Crane）、美国福斯、德国伊格尔博格曼（Eagle Burgmann）等；应用于高参数领域及极端工作条件下的机械密封摩擦副材料（碳石墨材料），主要厂商有美国摩根（Morgan）、德国崇德（Schunk）、日本东洋碳素（Toyo Tanso）等。发达国家石化领域法兰密封泄漏率为10^{-5}—10^{-7}g/（s・mm），处于国际领先水平，有利于控制过程工业挥发性有机物泄漏、避免环境污染、确保装置安全。

（四）电机集成呈现效能、集成度和智能化水平不断提升的发展态势

随着全球节能减排需求的增加和我国“双碳”行动的实施，对新能源汽车、先进轨道交通、航空航天、智能制造等领域装备的电气化需求日益紧迫，电机系统作为这些装备的动力核心部件，对其性能指标的要求愈加严苛。高端电机系统的先进性体现在高效能、高集成、高智能三个方面。

在高效能电机方面，欧美等发达国家不断提高电机能效准入标准，基本已经全部使用高效能电机。例如，美国自2010年12月17日起即开始执行IE3（international efficiency 3）能效标准；日本自2015年4月1日起，小型电机需达到IE3 能效标准，欧盟自2017年1月1日起小型电机需达到IE3能效等级；万高、诺德和ABB等电机制造领域领跑企业，并已经成功研制了达到IE5能效标准的永磁同步电机（permanent magnet synchronous motor，PMSM）。

在高集成电机方面，以新能源汽车为例，为充分降低车辆的重量和扩展车辆的使用空间，以实现车辆的轻量化并提升舒适性，高集成化设计成为新能源汽车电驱动行业的首要目标之一。同时，电机系统本身轻量化和功率/转矩密度（torque density）提升也是电机系统高集成化的一个重要标志。例如，美国开发的低成本、高性能MnBi磁性材料和具有低损耗、高导磁能力的硅含量为6.5%的超级硅钢材料极大地提升了电机系统的运行效率。

在高智能电机方面，众多复杂优化算法被成功应用于电机系统设计、控制、故障预测（failure prediction）和工艺流程等环节。例如，以仿生学为基础的蚁群算法（ant colony algorithm）为破解电机的多目标优化难题提供了有效途径；基于深度学习的优化算法为精密伺服系统（accurate servo system）的高精度位置和轨迹跟踪提供了理论与技术支撑；基于数据挖掘与多源数据融合的特征提取方法为实现电机系统状态智能感知与故障预测提供重要的技术手段；基于数字孪生的电机系统产品全生命周期演化技术，可贯穿电机系统设计、加工、运行、维护等全部环节，为提升电机系统的研发质量和生产效率、实现电机系统的预测性维护奠定了重要基础。

二、航天工程已进入以大规模互联网星座、大规模太空资源开发与利用、大规模月球探测为代表的新阶段

全球泛在的网络接入、物联网连接服务需求持续高涨，推动低轨通信星座发展掀起新一轮热潮，以星链星座、一网（OneWeb）星座、阿斯特拉星座为代表的数百颗乃至数万颗的巨型通信星座项目相继涌现，低轨互联网、卫星物联网等领域将加速发展。载人空间站、太空旅游、载人月球探测及在轨科研、试验等航天任务需求持续增长，月球、小行星等空间资源的开发和能源利用、在轨制造已成为国际热点。

（一）运载火箭的可重复使用技术不断成熟、在轨服务时间不断延长、可靠性和运载效率不断提升

重型运载火箭是未来载人月球探测、载人火星探测等重大空间任务的基础。“太空发射系统”（space launch system，SLS）重型运载火箭已于2022年完成首飞，SLS首飞近地轨道（low-earth orbit）运载能力为90t，最终构型将达到130t。可重复使用的天地往返运输系统不断成熟，SpaceX的“猎鹰”9（Falcon-9）火箭已实现数百余次一子级（first stage）的回收利用，单模块目前最多已经实现26次复用。美国持续开展以先进半人马座（Centaurus）为代表的长时间在轨高性能氢氧上面级的研制工作，其在轨时间计划延长到数周，可执行近地和深空的空间运输任务以及在轨服务、空间碎片清理等任务。全生命周期数字化管理、基于数字样机的虚拟设计、快速生产制造、智能飞行和自主返回控制等技术不断取得突破。比如，美国梅林（Merlin）-1D液氧煤油发动机（liquid oxygen and kerosene engine）推重比高达185，RL-10B氢氧发动机真空比冲（specific impulse）达到465s，猛禽（Raptor）液氧甲烷发动机真空比冲超过370s，且都具有推力深度调节能力。

（二）卫星技术组网更加灵活、测高精度不断提高、天地一体化（space-ground integrated）加速推进

卫星敏捷机动能力大幅提高，少量的卫星技术组网就可以实现宽覆盖、

快速重访。比如，美国规划的“世界观测-侦察兵”（WorldView-Scout）卫星和“世界观测-军团”（WorldView-Legion）卫星将运行于太阳同步轨道（sun-synchronous orbit，SSO），具有对地球表面特定区域每天40次的重复访问能力。海洋观测卫星测高精度从测地卫星（geodetic satellite）的13cm提高到贾森（Jason）卫星的3.5cm。卫星通信与地面网络正加速融合，星地量子通信技术为涉密信息远距离安全传输提供了有效手段。国际海事卫星组织（International Maritime Satellite Organization，INMARSAT）采用数千个点波束（beam）形成灵活覆盖；阿斯特拉-17卫星首次配置星上全数字透明处理器。世界主要航天大国均在积极部署星座卫星。美国计划2026—2034年完成22颗全球定位系统后续（global positioning system Ⅲ follow-on，GPS IIIF）卫星的部署；俄罗斯计划2035年建成以全球卫星导航系统（global navigation satellite system，GNSS）为主体的星座卫星。欧盟计划2025—2035年完成第二代伽利略（Galileo）系统的建设工作。

（三）载人航天的商业化程度持续加深

美国商业公司积极发展新型可重复使用载人飞船，以维珍银河（Virgin Galactic）、蓝色起源（Blue Origin）等为代表的商业航天公司积极发展太空旅游项目，2021年7月11日，维珍银河公司创始人理查德·布兰森（Richard Branson）乘坐“太空船二号”飞船成功从亚轨道返回，标志商业太空旅行正式投入服务；7月20日，蓝色起源通过新雪帕德（New Shepard）火箭亚轨道重复使用运载火箭将4名乘客送入次轨道空间并将其带回。此外，美国载人“龙”飞船（Dragon spacecraft）已于2020年成功开展载人飞行试验，将2名航天员送至“国际空间站”，并安全返回，这是航天飞机退役后时隔近9年美国再次自主将本国航天员送入轨道，SpaceX后续将为NASA提供正式的商业乘员运输服务。2022年4月8日，美国公理太空公司（Axiom Space）执行首次“国际空间站”私人航天员任务，这是该型飞船第6次执行载人飞行任务。载人“龙”飞船经过约21h的飞行后与“和谐号”（Harmony）节点舱天顶点对接。

（四）深空探测以月球探测为热点、以火星探测为远景目标、发动机能量水平不断攀升

美国政府重启了“重返月球”计划，“阿尔忒弥斯”计划2027年登月、之后建立月球基地。俄罗斯最先掌握了大型空间站在轨组装技术，着手建造自有空间站，将月球作为下一步探索的重点。欧洲积极倡导建设“国际月球村”（moon village）。美国计划2035年左右实现载人绕火星轨道飞行，之后实现载人登陆火星。美国持续开展航空喷气·洛克达因公司（Aerojet Rocketdyne）的“Aerojet Rocketdyne 1”（AR-1）、蓝色起源公司的“蓝色引擎”（Blue Engine 4，BE-4）、SpaceX的“猛禽”（Raptor）等新型大推力液体火箭发动机的研制工作。高性能战略战术导弹发动机高比冲要求日益严格，以追求更高能量水平。比如，俄罗斯的“布拉瓦”导弹第三级发动机采用了新型高能推进剂（high-energy propellants），比冲达到300.7s。

三、绿色智能船舶、一体化有人/无人作战系统和深海极地装备成为海洋装备发展的焦点

随着全球贸易和海洋资源开发的不断深入，零碳化、无人化、智能化成为海洋装备发展的重要方向，各国以航运业的零碳排放为发展目标，积极研发自主航行船舶技术、深海极地运输装备技术、可再生能源开发装备技术、无人装备技术等，以提升深远海研发和利用能力。

（一）海洋运载装备呈现绿色化、智能化和深远海的发展态势

全球贸易的90%是通过海运完成的，海洋运载装备是从事海上运输、发展海洋经济和保障海洋安全必不可少的工具。在人类社会低碳化发展需求旺盛和全球数字化、智能化科技革命背景下，绿色船舶、智能船舶和极地船舶成为全球海洋运载装备发展的重点。

绿色船舶是国际节能环保发展在船舶制造和航运业的具体体现，重点聚焦氢、氨、液化天然气、甲醇等多种替代燃料。特别是2023年7月，国际海

事组织（International Maritime Organization，IMO）修订战略，将2050年航运业减碳目标由50%改为零碳排放，对船舶的绿色发展提出了更高要求。欧洲是绿色船舶领域的引领者，在氢、氨等零碳燃料船舶和液化天然气等低碳燃料动力船的技术研发与标准制定等方面占据主导地位。比如2024年2月，丹麦的马士基（Maersk）订造的全球首艘使用绿色甲醇航行的大型集装箱船已在亚欧航线上投入运营。日本积极引入船舶动力替代燃料，在布局氨燃料产业链方面走在前列；韩国则在液化天然气动力船方面发展得较为成熟且处于国际先进水平。

智能船舶方面，自主航行船舶技术正在成为许多国家重点关注的关键技术。韩国已经实现了从船舶出港到航行、返航、靠岸的完全自主航行；日本推进的完全自主船舶未来设计项目旨在实现由海上无人自主水面船舶为支撑的国内沿海航运。欧洲更关注无人化和少人化操作实践，挪威船厂Vard交付了世界首艘纯电动自主航行集装箱船“雅苒·伯克兰号”（Yara Birkeland）。

极地船舶方面，俄罗斯、美国、芬兰、加拿大等北极域内国家处于领先水平，主要围绕“认识、进入极地”主题，全面提升极地破冰、极地运输能力。俄罗斯是当今世界上唯一拥有核动力破冰船队的国家，建造的功率为60MW的22220型核动力破冰船是目前世界上最大、动力最强的破冰船，可破开厚度3m的冰层。

（二）海洋油气、海洋矿产、海洋可再生能源开发利用装备向深海极地不断拓展

深海领域，呈现出“半潜式生产储油平台（semi-submersible oil production and storage platform）+水下生产系统（underwater production system）”等深水油气田的开发模式，如中国自主研制的“深海一号”平台是全球首座10万吨级深水半潜式生产储油平台，开创了半潜式生产平台立柱储油的先例。浮式液化天然气（floating liquefied natural gas，FLNG）的部署范围已不断向深水拓展，韩国建造的“Coral Sul”是有史以来首座部署在深水的浮式液化天

然气，其作业水深约为2000m。

深海矿产资源开发装备的研究集中在海底矿石开采装备、矿石输送装备、水面支持装备等方面，目前仍处于试验阶段，尚无适用于商业化开发的装备。在矿石转运装备方面，日本和韩国等已经完成了矿浆提升泵的制造和海试。

海洋可再生能源开发装备方面，我国及欧美等在海上风电、波浪能、潮流能等装备技术创新方面引领行业发展。深远海成为探索的热点方向，截至2022年，全球累计共有202.55MW漂浮式风电项目投运①，我国在漂浮式海上风电装备工程样机领域已进行了相关的探索和实践，如“三峡引领号”“扶摇号”“海油观澜号”。

（三）海洋安全防务装备呈现集群化、自主化、协同作战的发展态势

海洋军事强国重点研发以航母、潜艇和水面舰艇为核心的海洋防务装备及技术，低成本、高续航力模块化装载的大型无人水面艇备受关注，强调突破高精度导航、多介质通信、集群控制等关键技术，实现海洋维权无人装备集群化、自主化，且重视有人/无人协同作战，创新有人/无人作战平台一体化运用。俄罗斯重视研制核动力水下无人航行器，计划于2018—2027年生产32枚“波塞冬”核动力水下无人航行器，分别由4艘新型特种潜艇搭载。英国加速推进无人装备升级换代，国防部投资250万英镑设计、改装超大型水下无人航行器，使它可承载多种有效载荷，执行目标搜索定位等任务。

（四）海洋科学装备呈现高技术、综合化、无人化的发展特点

国际海洋科考船着眼于提高耐波性、舒适性等性能，并不断提升绿色化

① 全球海上风电装机创历史新高，准备开启新发展时代. https://gwec.net/wp-content/uploads/2022/06/CN-Press-Release_Global-Offshore-Wind-Report-2022.pdf[2022-06-29].

水平。英国通过配备先进的设备来提高海洋科考船的先进性，新极地科考船“皇家研究船大卫 • 爱登堡爵士号”（RRS Sir David Attenborough）配备了先进的实验室，可进行海洋、海底和大气研究；德国的“阿尔泰Ⅱ号”（Atair Ⅱ）是全球首艘以液化天然气为燃料的科考船；瑞典的“斯韦亚号”（Svea）使用了可再生燃料。

全球只有美国、中国、俄罗斯、日本、法国和印度六个国家拥有深海潜水器自主研发能力，其中仅有美国、日本、中国和俄罗斯具备万米下潜能力。深海载人潜水器方面，2012 年美国“深海挑战者号”下潜深度可达 10 898m，创造了单人下潜的深度纪录；缆控潜水器方面，美国“贾森号”（Jason）最大下潜深度为 6500m，具有高精度的水下探测和采样能力，日本研制出 7000 米级“海沟号”（Kaiko），法国研制出 6000 米级“维克多 6000 号”（Victor 6000）；无缆自主潜水器方面，俄罗斯的新型“勇士 D 号”（Vityaz-D）成功下潜到马里亚纳海沟 10 028m 深度，是全球首台下潜至海洋最深处的完全自主无人潜水器。（胡震和曹俊，2019）

四、交通运输向一体化智慧综合交通网络、低耗低噪高速飞机、零排智能电动汽车、高效节能自动化轨道运输和安全零碳无人水运方向快速升级

全球交通运输领域综合交通网络向一体化推进，清洁低碳智能运载工具将广泛应用，推动交通领域设施网络更加完善、运输服务更加高效、技术装备更加先进、安全保障更加可靠、发展模式更可持续。

（一）综合交通网络一体化推进，信息互联互通、枢纽便捷衔接推动交通管控智能化、交通出行高效化发展

当前综合交通系统已经初步具备多层级协同、多集群一体化、多源信息融合的特点。美国纽约基于已形成的国际综合交通网络，有效结合了自身在金融、科创等领域的优势，采取了由“单中心分散发展”到“单核城市群网络”的发展路线。日本东京通过以公共交通为导向的开发（transit-oriented development，TOD）模式，成功构建了紧凑发展的城市空间结构，通过铁路民营化和政府大力支持建立了具有开发意识的市场机制。新加坡通过一系列新兴的信息通信技术和物联网技术，使城市交通智能化得到显著提高。英国伦敦依托完善的交通建设投融资体系，不断吸纳周边和世界的资本、科技、劳动力涌入，形成“梯级向心差异化发展”模式。中国综合交通运输利用大数据赋能交通运输，积极推进“全国123出行交通圈”（都市区1h通勤、城市群2h通达、全国主要城市3h覆盖）。世界各国的综合交通工程当前以适应本地城市资源、探索多元化发展路径为主要目标。

（二）载运工具全面向智能化、绿色化、电动化转型

在新一轮科技革命和产业变革加持下，新兴技术加速发展，航空、轨道交通、汽车和水运等领域的产业转型以实现智能化、绿色化、电动化为主。在航空领域新一代的先进航空产品中，中国的C919、美国的B787、欧洲的A350等代表了当前世界航空技术的发展水平；以S-97、AW609为代表的高速旋翼机也已经初露端倪；超声速公务机、新能源飞机、电动垂直起降飞行器（electric vertical take-off and landing，eVTOL）等通用飞机发展迅速。更多新型的智能化配件逐步被应用于航电系统中。此外，航线飞机通过优化气动、结构、材料大大提高了飞机的燃油利用率。航空载运工具的发展在气动、结构、动力和航电性能全面获得提升的同时，更兼顾了其环保性和舒适性。在汽车领域，智能网联、新能源汽车渗透率逐步提升，汽车产业发展重心已经向智能化、电动化偏移。新能源汽车动力电池无模组（cell to pack，CTP）技术已经逐步取代原有的电池包成组（module to pack，MTP）技术，新能源汽车能量密度获得了巨大的提升。新能源汽车在续航、充电、安全等方面的性能取得了大幅的提升。除纯电动汽车性能大幅提升外，燃料电池汽车产业也逐渐成熟。在汽车的智能化方面，L1 和 L2级别的智能汽车已实现大规模量产；L3级汽车已经具备相应的自主感知和决策能力，可以在特定道路、场景下实现完全自主驾驶；以RoboTaxi、RoboBus为代表的L4级智

能驾驶汽车正在寻求突围。轨道交通领域，智慧驾驶等技术在这一领域得到了广泛应用；货运机车自动驾驶进入实质性运用阶段；中国铁路领先进入自动驾驶时代，远程诊断、预防性维修决策系统等被广泛应用于轨道交通维护，成本大幅降低；架空线（overhead line）供电、纯电动和氢能源驱动的轨道列车将成为发展主流。

第三节　面向2040年机械与运载领域工程科技发展趋势及影响

机械与运载领域工程科技发展是衡量国家经济发展水平和科技创新能力的重要标志，也是世界各国在国际市场上综合竞争力的集中体现，本节分别针对机械、航天、海洋装备和交通运输四个子领域，提出其未来发展的主攻方向。

一、极端制造、智能制造和绿色制造将成为机械子领域的三大主攻方向

新一轮科技革命与产业变革方兴未艾，科技创新正加速推进，并广泛渗透到人类社会的各个方面，深刻影响着经济社会运行方式和国际竞争范式，成为重塑世界格局、创造人类未来的主导力量。机械子领域工程科技发展是衡量国家经济发展水平和科技创新能力的重要标志，也是世界各国在国际市场上综合竞争力的集中体现，所涉及的产业几乎全部为知识密集型、具有较强关联性的大规模产业，成为多国战略布局的重点领域。总体上，世界正在处于第四次科技革命的浪潮之中，综合当前国内外机械制造发展前沿，机械制造围绕新一轮科技革命背景下的智能制造、国际科技战略必争领域的极端制造、应对全球气候变化的绿色制造三大方向继续纵深推进。

（一）智能制造推动制造业智能化变革

在以智能制造为核心技术的新一轮科技革命背景下，世界各国尤其是发达国家纷纷推动制造业升级，抢占未来世界科技前沿，将发展智能制造作为本国构建新形势下制造业竞争优势的关键举措和必然选择，在工业领域掀起一波以智能制造战略为主的新生产方式和模式的创新浪潮。智能化制造是推动制造业智能化变革的根本驱动力，智能制造的发展趋势具有状态感知、实时分析、自主决策、精准执行的特征，有利于实现大部分或全部的智能化技术应用；增强机械制造领域人机交互能力、建模与仿真能力、大数据分析处理能力、可重构与自组织/自协调能力，具有自学习与自维护功能，有利于实现机械工业自动化、智能化、无人化以及柔性制造（flexible manufacturing），如高档数控机床的控制智能化可以实现复杂型面制造、自适应加工及装配过程。未来人工智能与机械子领域将进一步深度融合，如人工智能将使机器人成为具有人类级别的仿人机器。

（二）极端制造推动制造业拓宽应用边界

极端制造是在极端条件或环境下，运用先进制造技术及高端装备，制造极端尺度（极大或极小尺度）、极限精度、极高性能/功能的结构、器件、系统或装备，以及能产生极端物理环境或条件的科学实验装置。随着航空、航天、航海、微电子、光电子、核能等领域对超精密系统、超大尺寸科学装置、超常材料研制、超常环境构建等高性能制造或极端制造需求的增加，极端制造新型技术将不断涌现，其中包括超高速及超精密加工、超大型整体制造、宏微纳制造、超高性能制造、超常材料制造、太空制造、深海制造等。目前，工业发达国家已将极端制造列为重点研究方向，未来20年将围绕极大尺度、极小尺度、超精密制造、极端环境和极端高服役性能高端装备设计制造技术加大科研投入，抢占世界科技战略高地，力争取得突破性进展。

（三）绿色制造推动制造业零碳发展

绿色制造是世界各国制造业未来发展的重要主题和技术创新领域；绿色

制造技术水平直接体现制造业的可持续发展能力。人类应对气候变化的紧迫性日益加剧，未来将围绕推动生产方式绿色化、构建绿色制造体系开展活动，重点是限制化石能源的使用、推动可再生能源替代化石能源，并逐步提升能源的有效利用率，尤其是重点领域重点行业的能源使用尽可能实现减污降碳，如开发氢能储运装备核心技术推动可再生能源利用；改进优化绿色低碳相关技术，促使绿色工业产品得到广泛使用，如开展压力容器极限寿命分析与主动延寿策略研究、研发大规格高参数轻量化产品；实现资源综合利用、循环使用和节能降耗能力提升，提高设计制造过程与环境的相容程度，并不断提升制造材料、生产材料、产品材料的生态链循环利用效率，以应对全球能源、环境、食品、住房、水资源、交通、安全和健康等挑战。

二、航班化航天运输系统、地月及太空资源竞争和太阳边际探索将成为航天子领域主攻方向

世界航天正在向航班化、智能化、商业化、产业规模化发展，进出空间规模需求将不断增加。根据全球航天产业发展态势，预计到2045年全球每年进入空间规模需求将超过10万吨，如表1-1所示。

表1-1　2045年进入空间规模需求预测　　（单位：kg）

空间活动	2045年
通信/导航/遥感	3 000
空间科学探索与试验	4 000
在轨服务与维护	4 000
太空旅游及全球快速运输	40 000
空间关键节点基础设施	5 000
深空探测	2 000
太空能源	40 000
资源开发与利用	10 000
天基预警	2 000
太空安全	4 000
太空医药/农业/制造	5 000
空间环境监测与预警	1 000
其他	5 000
小计	125 000

资料来源：Wang等（2023）

（一）航天工程向规模化、智能化、深远化方向发展

科学探索深度、广度不断增加，巨型星座卫星、大型空间望远镜、科学探测卫星等持续发展，行星探测、太阳及太阳系边际探测成为重点方向。未来研究将聚焦于突破航班化航天运输系统（airline-flight-mode aerospace transportation system）总体设计、低温推进剂在轨储存与传输、重复使用发动机、在轨服务与应用等技术，充分应用人工智能、新型动力、新型信息网络、新型材料等技术；制造并利用先进芯片与软件技术赋能核心部件，助力航天工程规模化、智能化、深远化发展。

（二）大规模空间探索与资源开发成为航天大国竞争的主要方向

太空成为维护国家安全与利益、争夺资源与地位优势的战略制高点。以美国为代表的西方国家积极建设下一代太空体系架构，超大规模星座计划相继推出和部署；发布“阿尔忒弥斯”计划，提出载人火星探测计划，全面提升太空进入与控制能力，抢占地月及太空资源。俄罗斯、欧盟也将月球、火星探索开发纳入重大发展战略中，积极参与国际航天市场和技术竞争。

（三）航天与社会、经济、民生持续深度融合，与社会生活相互影响、相互推动

近年来，随着人类社会的快速发展，以及大规模互联网星座、新一代导航卫星和高精度对地观测技术的进步，航天逐渐具备更强大全球全时通信互联、全球更精准的导航定位与对地观测能力，全球气象、环境、灾害等监测预警能力，以及空间碎片和空间天气监测与防御能力等。随着更强大的航天运输和空间探测与开发能力的提升，商业发射、通导遥卫星应用、太空旅游、全球极速运输、太空采矿、在轨服务与维护等新兴产业不断涌现，中国、美国、日本都提出建设地月空间经济圈的愿景。航天将与人类社会、经济和民生持续深度融合，与社会生活相互影响、相互推动。

三、绿色清洁、智能集成、深海极地开发将成为海洋装备专题的主攻方向

随着国际绿色环保发展需求的提出和新一代信息技术的加速融合，世界海洋装备技术正向绿色清洁、智能集成方向发展。同时，深海和极地两大新疆域成为未来20年全球海洋装备竞争的重点领域。

（一）海洋装备朝绿色化方向发展

全球减碳的大趋势下，海洋环境保护成为全球重要议题。未来，海洋装备将进入多元化动力时代，船舶动力将呈现低碳/零碳燃料、电池驱动等多种形式并存的态势，液化天然气、甲醇、船用氢燃料、电池动力和混合动力系统等将被广泛应用于船舶上。绿色船舶新船型成为创新性重点发展领域，减阻节能新技术将被全面采用。同时，双燃料发动机及气体发动机技术、低噪声发动机、适用极地特殊环境的绿色船用柴油机等将被广泛应用。

同时，海洋可再生能源开发装备成为未来发展的重要方向。漂浮式海上风电技术、海上制氢技术和海洋能综合利用与评估技术等将成为各国的研究热点，作业海域逐步从近浅海向深远海扩展，海洋能由单一资源开发向多能集成开发转变。

（二）海洋装备朝智能化方向发展

物联网、大数据、云计算、人工智能等新一代信息技术促使海洋装备传统发展模式发生深刻变革，并与海洋装备深度融合，以智能船舶和海上无人装备为代表的“人工智能+海洋装备”模式被广泛应用。船舶自主化水平持续提升、由部分功能自主向全船自主驾驶过渡是今后长期发展趋势，未来智能船舶的发展仍需要解决进一步的船舶数字化、船舶安全性、船舶运营、船岸一体化、标准制定等问题，重点突破智能航行测试技术、智能船舶智能航行技术（自主避碰、自主靠离泊、自主导航、无人驾驶）、船舶航行时的监控以及融合现有感知、定位技术。

（三）海洋装备朝深海、极地开发利用方向发展

深海采矿正朝更加环境友好型、商业化和安全性高的方向发展，关键装备包括低扰动行走和高效精准采集的环境友好型开采装备、高效与精准的全系统协同控制技术和辅助装备。以谱系化、协同作业的深海无人潜水器等为代表的深海无人装备将成为深海作业的主力。重点研发服务于深海生物、深海地质、深海环境、深海能源等领域科学研究的运载装备与原位试验（in-situ test）设施。重视发展极地冰下观测网络、极地导航通信网络、抗冰性能优良同时兼顾经济性好的新型极地油气开发装备。

四、智慧协同交通网络、高效低碳交通运载和网联共享交通管控将成为交通运输专题的主攻方向

当今世界正处于第四次科技革命浪潮中，传统交通工程将围绕与新一代信息技术和人工智能技术深度融合的智能化，与电动化和清洁能源融合的绿色化以及与网络通信和大数据技术融合的网联化继续发展。同时，为满足立体智慧交通和特种运输的需求，新兴交通技术的发展也是交通领域发展的一大趋势。总体来看，交通运输工程正围绕“智能-绿色-互联互通”技术路线发展。

（一）人工智能技术助力交通行业无人化转型

随着新一轮科技革命与产业变革持续进行，以大数据、人工智能和工业互联网为代表的新兴技术与交通技术加速融合，推动了交通行业的智能化发展和转型。未来在航空领域，人工智能技术将被应用于飞机设计、制造、运营、服务、维护等各个环节。在轨道交通领域，现代化通信和智能协同技术的融合将被进一步推进，以提高列车的智能化、无人化程度，全面提高轨道交通从生产到运营再到维护的全过程的智能化程度和运营效率。智能汽车、智能交通和智慧城市三者将逐步得到整合。通过智能汽车的智能互联，结合智慧城市的大数据平台服务体系、虚拟城市地理环境、网络传输基础设施、城市物联感知网络等为智能交通提供全面支撑。

（二）清洁能源和共享出行促进交通行业绿色化发展

交通运输行业依托于技术革新实现绿色转型是必然趋势，低碳化已经成为未来交通运输领域的重要发展趋势。在航空领域，为了满足国际民航组织对绿色航空的需求，未来的民用飞机将更加注重环保性，飞机油耗将更低，飞行更安静，舒适性也将不断提高。航空领域的绿色化发展，低阻力的气动布局，大涵道比涡扇发动机及轻量化飞机结构和机载设备的研发将成为降低航空领域碳排放量的主要方案。轨道交通行业中内燃机车保有量占比目前仍超1/3，轨道交通清洁能源化意义重大。以氢能为典型代表的绿色能源，也将逐步取代当前的内燃机车。在汽车行业中，零碳行驶、车网储能融合、绿色回收等技术将逐步实现可持续低碳化生产，采用清洁动力能源、智能化绿色交通、产品回收再利用等技术将推动实现汽车全生命周期绿色低碳化。此外，共享交通模式由于其高周转率与高分享率的特性而被认为是提高交通运输效率的重要方法。在智能互联的交通环境下，共享交通管理系统可依托大数据平台与5G信息技术对交通系统信息进行动态感知，建立智能化的云端管理、调度平台。交通出行的共享化发展将进一步提高交通系统的整体效能，并提高交通工具周转率与分享率。

（三）在高效通行需求驱动下，交通运输将实现网联化

随着汽车与电子技术、信息与互联网技术、智能化技术的深度融合，汽车行业整体向智能化、网联化的趋势发展。多源传感信息融合、智能决策、智能计算平台等关键技术得以突破，高级别自动驾驶车辆比例将显著提升。智能汽车、路侧智能设施（road side unit，RSU）、云计算将进一步融合，逐步推动“车-路-云”网联式协同发展。基于不同国家的轨道交通在轨道、车辆、供电、信号等方面的差异，适应全球化列车体系的研发成为热点，构建全方位、多层次、复合型的互联互通轨道交通网络是当下轨道交通行业发展的主流。随着全球范围内多层次、多样化、个性化的交通出行需求特征和小批量、高价值、分散化、快速化的货运需求特征日益明显，当前正在进一步推进综合交通的融合发展，数字化、网络化、智能化、绿色化的综合

交通运输系统也将在不远的未来得到实现。综合交通结合通信、能源、水利等基础设施通道规划建设，新建综合客运枢纽各种运输方式集中布局以及既有综合客运枢纽整合实现一体化规划建设改造成为综合交通体系发展的主流。

（四）新型交通运输方式助力立体智慧交通发展

除交通运输呈现智能化、绿色化和网联化的发展趋势外，新型的交通运输方式逐渐兴起，部分特种交通也正在加速发展。

飞行汽车兼具地面行驶与空中飞行功能，相较传统交通工具具有更强的便利性和快捷性，且运行区域不受传统基建条件限制，可满足绝大多数交通场景需求，已受到学界、产业界的广泛关注。面向立体智慧交通发展前景，多栖跨领域应用场景，军事、应急救援、海岛或偏远地区等“点对点”运输需求，深度挖掘低空空域资源，是未来立体化交通出行领域重要发展方向。此外，基于超大功率的牵引机车，适应高温、高湿等复杂气候环境的新型电力机车以及适应广域气候条件的机车制造等面向特种运输环境的关键技术也在逐步被攻破。

第二章　2040年中国机械与运载领域科技和社会发展愿景及需求

2040年，全球机械与运载领域市场需求依然旺盛，在智能制造、航空运输、海洋装备、新能源汽车等需求牵引和人工智能、新能源、新材料等新技术的推动下，世界机械与运载领域工程科技将继续保持快速发展的势头，呈现全面高端、智能、便捷、低碳、安全等特征。

第一节　2040年中国机械与运载领域经济社会发展预测

2040年，社会主义现代化总任务和战略部署将进入第二阶段，我国将全面建成共同富裕社会。高水平的富裕要求我国人均收入水平、人类发展水平、主要现代化指标接近或达到世界中等发达国家水平，基本实现现代化；全面建成共同富裕社会要求高水平的公共服务与社会保障覆盖全体人口，地区、城乡收入差距持续缩小。

一、中国将迈入高收入国家行列，具有国际竞争力的制造业和绿色智能的海洋经济产业基本建成

预计到2040年，我国人均GDP达到发达国家20世纪末期水平，将跨入高收入国家行列。

预计到2040年，我国制造业占GDP的比重总体保持稳定，先进制造业增加值占规模以上工业增加值的比重达到50%，自主研发的应用于能源化工、国防军工、民生健康等领域的机械装备在国内市场的占有率大幅上升，主要产业进入全球价值链中高端，“中国制造”实现质变，成为高效率、高

品质的代名词。我国机械子领域经济增长质量和效益得到显著提升，国际竞争力整体提升，支撑我国步入制造强国行列，基本满足全面建设社会主义现代化国家战略需求。我国机械子领域工程科技的产业体系建设基本健全，高端制造能力全面提升，战略核心技术全面自主可控，技术创新能力大幅提升，优势领域技术全球全面领先，数字化网络化智能化达到世界一流水平。

预计到2040年，中国海洋经济发展进入成熟期，生产总值占GDP的比重将超过18%。海洋产业布局和结构不断优化，海洋产业的绿色、智能转型成为海洋经济发展的核心板块；海洋科技助推海洋装备制造、海洋新材料、海洋可再生能源、海洋生物医药等新兴产业快速发展，对海洋经济贡献率超过1/2，成为支撑海洋经济发展的关键要素，海洋装备制造等产业进入全球价值链中高端。《中国港口运行分析报告（2024）》显示，2023年全球海运总量为123.7亿吨，同比增长3.0%，其中中国外贸海运量占世界海运量的比重达30.1%。这些都将支撑中国稳居世界第一大货物贸易大国地位。

二、中国将进入超高老龄社会，机器人产业等先进智能制造业将得到广泛应用

2040年，我国人口将会呈现负增长态势，进入超高老龄社会。老年人口规模将继续扩大，老龄化速度将进一步加快。

人口红利的消失、生产模式的改变、制造业的转型升级等，改变了机器人的工作场景，带动了技能型机器人的发展，全球机器人市场规模将持续扩大。波士顿咨询公司发布的《2030年机器人展望：智能和机动性将如何塑造未来》报告显示，2030年全球机器人市场规模将达到1600亿—2600亿美元，陪伴型机器人可提供全面服务，家务机器人能负责扫地做饭，诸如此类服务机器人的大量应用，将有助于全球解决长期存在的养老难题，尤

其是老龄化国家的养老难题。2040 年全球工业机器人全行业渗透率将达到 7%—18%，工业机器人占劳动力市场比例预计将达到 8%—21%，将大幅提升工业生产效率。特种机器人将代替人类在极端环境、危险作业等场景中的大部分工作，并可以拓展到更为广泛的应用领域。

三、中国将基本实现新型城镇化，高质量交通运输稳步发展

2040 年，我国的城镇化率预计将超过 77%，形成京津冀城市群、长三角城市群、粤港澳大湾区、成渝城市群、长江中游城市群五大城市群，人口将随着产业发展持续向大都市圈集聚。一方面，城镇化水平的提高对货运服务、物流需求都将从质量上提出更高要求，要求运输更加安全、准时、方便、快捷。另一方面，随着工业化的发展和产业结构的优化，第三产业占比增加，生产性服务业需求暴涨将出现更多的商务出行，尤其对航空、高速铁路等快速、高服务质量的客运出行会产生更为明显的促进作用。人们选择出行方式时将更注重安全、快捷、舒适，会倾向于选择航空旅行。

波音 2024 年发布的《民用航空市场展望》预测，未来 20 年间中国将需要 8830 架新民用飞机，其中约 60%用来支持机队增长，另约 40%将用燃油更高效的机型来替换老旧飞机。中国国内航空旅行将以年均增长 5.2%的速度成为世界最大客流市场。

四、中国致力于能源绿色转型，交通领域将初步实现零碳出行

2040 年，我国能源消费总量和生产总量以及温室气体排放总量将达到峰值并保持稳定甚至有所下降。清洁能源比重不断增加，可再生能源产量上升。

交通运输是导致碳排放增长的重要因素之一，在快速城镇化和机动化的驱动下，城市道路交通碳排放量逐年增加，迫切需要实现道路交通的零碳转型，以保障“双碳”目标如期实现。地面交通系统智能化水平得到显著提

升，电动汽车、氢燃料汽车、光伏汽车等新能源汽车成为主流汽车产品，汽车碳排放量将大幅降低。绿色制造、零碳行驶和绿色回收的汽车全生命周期的无碳循环体系逐步建立。海洋石油、天然气等传统化石能源以及海洋风能、潮汐能、波浪能等成为中国能源安全的重要保障。中国矿产资源将逐步降低对外依存度，海洋矿产资源将成为中国工业和经济发展的重要补给，发展绿色深海矿业势在必行。

五、先进制造、航天工程、海洋装备与交通运输有力支撑国家安全体系和能力现代化建设

2040年，我国将具有更强大的综合国力，世界地位更加凸显，社会保持长期稳定，国家安全体系和能力全面提升。

世界百年未有之大变局加速演进，世界之变、时代之变、历史之变的特征更加明显。我国发展面临新的战略机遇、新的战略任务、新的战略阶段、新的战略要求、新的战略环境，需要应对的风险和挑战、需要解决的矛盾和问题比以往更加错综复杂。推进国家安全体系和能力现代化迫切需要针对重大基础设施、太空、海洋等诸多领域的安全，加强前瞻性思考、全局性谋划、整体性推进，加强重点领域安全能力建设，筑牢国家安全基石，防范和化解影响我国现代化进程的各种风险。

第二节　2040年中国机械与运载领域经济社会发展需求

党的二十大报告提出，“在基本实现现代化的基础上，我们要继续奋斗，到本世纪中叶，把我国建设成为综合国力和国际影响力领先的社会主义现代化强国”；“坚持把发展经济的着力点放在实体经济上，推进新型工业化，加快建设制造强国、质量强国、航天强国、交通强国、网络强国、数字

中国”。强国建设对工程科技发展提出了新的更高要求。

一、围绕制造强国和质量强国战略目标，满足制造业自主可控和产业升级发展需求

制造业是国民经济主体、科技创新主战场，制造业技术水平是衡量国家创造力、国际竞争力的重要标志。建设制造强国、质量强国，实现高质量发展是全面建设社会主义现代化国家的首要任务。未来20年，需要坚定不移地建设制造强国，把制造业做实做优做强，抢占新一轮科技革命和产业变革的先机，在未来国际竞争中形成战略优势；实现我国由制造大国迈入制造强国，产业链供应链基本安全可控、韧性显著增强，实现产业基础高级化、产业链现代化；关键核心技术实现重大突破和自主可控，更多科技前沿领域实现并跑和领跑。

1. 自主创新能力大幅提升

对标发达国家创新性指标，研发支出占GDP的比重在3.0%以上（WIPO，2023）、对外技术依存度在30%以下、科技进步贡献率在70%以上，自主创新能力与发达国家处于同一水平①。

2. 产业结构不断优化

实现产业基础高级化和产业链现代化。基础零部件、基础材料、基础工艺、产业技术基础等产业基础薄弱问题完全解决并得到强化，产品的一致性、稳定性、寿命、可靠性全面提高，质量技术基础体系完善，产品以中高端为主，高质量产品占据市场主导地位，制造业总体处于中高端水平。

3. 质量品牌效果显著

实现质量效益指数≥45、中国所占世界知名品牌数≥55个，培育一批世

---

① 科技部指出：“创新型国家”具备四大共同特征. https://www.gov.cn/jrzg/2006-02/04/content_177387.htm[2006-02-04].

界一流企业。对标世界一流，加强国家质量基础设施建设，开发极端条件、高精度、高稳定性、高可靠性计量与检验检测技术，健全国际、国家、团体标准体系；健全质量治理体系，建立质量分级制度；推进内外销产品“同线同标同质”工程建设，加快中国标准“走出去”，培育检验检测认证知名品牌；推进重大技术装备质量品牌建设，打造中国重装品牌。

4. 制造方式持续升级

智能化和绿色化水平全面转型升级。5G、物联网等新一代信息技术、数字孪生、大数据技术及国家数字基础设施，在智能感知传感器及网络、制造流程与制造工艺网络化、全生命周期数据与质量管控等方面发挥作用，缩减装备的研发和定型时间、降低成本。制造业与人工智能技术深度融合，促进高端制造业通过系统化的绿色制造技术实现革新与升级，努力实现节能、减排目标。

5. 供应链自主可控

重大装备供应链实现自主可控，并具有全球竞争力。实施产业基础再造工程和重大技术装备攻关工程，改造提升传统优势装备，创新发展新兴高端装备，加快布局战略前沿装备，建设供需适配、优质高效的重大技术装备体系；彻底改变我国高端重大装备严重依赖进口的局面，如高端工业母机、农机装备、医疗装备等对外依存度高的领域，供应链“断链”风险大幅降低，核心技术实现自主可控。

二、围绕航天强国战略目标，满足进出空间、利用空间和探索空间的科技发展需求

我国已提出自主创新、建设创新型国家战略，同时提出科技创新需要坚持面向世界科技前沿、面向经济主战场、面向国家重大需求、面向人民生命健康。航天科技作为高科技产业，需要加快航天自主创新能力建设，紧紧抓住当前新一轮科技革命和产业变革的历史机遇，将航天科技建成世

界一流水平，满足新时代高质量发展需求，实现从航天大国向航天强国的转变。

为实现航天强国发展目标，需要进一步提升与国家太空战略相匹配的进出空间、利用空间和探索空间能力（朱毅麟，2013）。进出空间方面，以近地空间运输便捷经济、地月空间运输高效可靠、星际空间运输自主可达为目标，建成具备高性能、高可靠、低成本的航天运输系统。发展重型运载火箭，为我国开拓太空、探索新疆域提供更大平台。构建航班化航天运输系统，拓展多元化航天运输服务，大幅降低进出空间成本（王小军，2022）。利用空间方面，建设成全域感知、全球覆盖的卫星遥感系统，随遇接入、高速互联的卫星通信系统，全球连接、按需服务的卫星导航授时系统，空间基础设施全面实现体系化、网络化和智能化。探索空间方面，建成完善的载人与深空探测工程技术与科学研究体系，实施载人登月，具备载人火星探测能力，有效开展地月空间开发利用，具备探测太阳系主要天体的技术能力（叶培建等，2018）。此外，围绕进一步提升装备性能的现实需求，推动宇航动力向高性能、重复使用、变推力等方向发展。为满足航天装备发展要求，增强航天元器件和核心部件技术的可持续自主发展能力，有效支撑重大航天工程与任务的实施。

三、围绕海洋强国战略目标，满足可持续、高质量、安全透明的海洋发展需求

我国正从海洋大国向海洋强国转变。“海洋强国”既是指凭借国家强大的综合实力来发展海上综合力量，又是指通过走向海洋、利用海洋来实现国家富强。需要在开发海洋、利用海洋、保护海洋、管控海洋方面拥有强大综合实力，海洋经济综合实力强悍、海洋科技综合水平先进、海洋产业国际竞争力突出、海洋资源环境可持续发展能力强大、海洋事务综合调控管理规范、海洋生态环境健康、沿海地区社会经济文化发达、海洋军事实力和海洋外交事务处理能力强大。建设海洋强国，离不开海洋科技的创新与进步，未

来20年要推动海洋科技实现高水平自立自强，加强原创性、引领性科技攻关，实现海洋装备制造自主可控。

1. 充足稳定的海洋资源

我国能源结构将出现较大变化、能源需求日益增强，海洋石油、天然气等传统化石能源以及海洋风能、潮汐能、波浪能等可再生能源成为中国能源安全的重要保障；中国矿产资源将逐步降低对外依存度，海洋矿产资源将成为中国工业和经济发展的重要补给。

2. 可持续性的蓝色经济

我国将聚焦海洋领域新质生产力，优化和完善海洋产业布局和结构，助推海洋可再生能源业、海洋装备制造业等海洋战略性新兴产业和未来产业的大规模发展；海洋强省建设步伐加快，初步形成各具特色的现代海洋城市。

3. 高质量开发的绿色海洋

我国海洋开发将向绿色化、低碳化的高质量发展模式转变。科技创新将持续驱动海洋开发低碳转型，将会大力发展超低排放、资源循环利用、传统能源清洁高效利用等绿色低碳技术，推动绿色海洋加速发展。

4. 安全透明的海洋

海洋发展将立足国际发展形势，着眼于国家安全战略与利益需求，在防灾减灾、国防安全等方面发挥重要作用。海洋灾害预报预警体系逐步完善，防灾减灾能力达到世界领先水平；海洋态势感知能力得到强化，海洋安全保障能力大幅提升。

四、围绕交通强国战略目标，满足便捷顺畅、经济高效、绿色集约、智能先进、安全可靠交通发展需求

建设交通强国是以习近平同志为核心的党中央立足国情、着眼全局、面

向未来作出的重大战略决策。中共中央、国务院印发《交通强国建设纲要》中要求“构建安全、便捷、高效、绿色、经济的现代化综合交通体系”，明确“到2035年，基本形成‘全国123出行交通圈’（都市区1小时通勤、城市群2小时通达、全国主要城市3小时覆盖）和‘全球123快货物流圈’（国内1天送达、周边国家2天送达、全球主要城市3天送达），旅客联程运输便捷顺畅，货物多式联运高效经济”。《国家综合立体交通网规划纲要》提出，“到2035年，基本建成便捷顺畅、经济高效、绿色集约、智能先进、安全可靠的现代化高质量国家综合立体交通网”，“交通基础设施质量、智能化与绿色化水平居世界前列”。交通强国建设目标和综合立体交通网建设规划等国家重大战略需求引领我国交通运输工程领域科技发展。

1. 全球可达、自主可控的航空交通

2040年我国将成为世界交通中心，总周转量全球第一。为了应对极可靠全球航行协同安全管控的技术挑战，亟待解决“航线全球可达、关键技术自主可控”核心技术问题，进一步完善国产飞机的产品系列，提高飞机的经济性、舒适性和安全性，形成与世界先进飞机竞争的能力。

2. 智能便捷、安全畅通的道路交通

2040年我国道路交通的智能化程度将达到80%，平均通勤时间缩短到1h内，交通事故减少60%。需要应对极密集道路交通智能高效运行的技术挑战，重点布局构建车路一体智能网联交通系统。

3. 国际引领、安全便捷的轨道交通

2040年我国轨道交通将实现20万以上人口规模城市全覆盖，最高商业运行速度达到600km/h，无人驾驶和智慧车站的规模化应用将提供更加人性化、个性化的出行服务体验。需要应对极高速轨道交通安全稳定控制的技术挑战，高速动车组牵引制动与控制、先进轨道交通自主运行是其中的技术关键。

4. 多元融合、枢纽衔接的综合交通

2040年我国将基本形成“两横三纵”的城镇化布局，城市内和城际交通以汽车为主，城市群间以轨道交通为主，跨省主要城市间的交通以飞机为主，全面实现城市群综合交通2h通达。需要全面突破极复杂多模态、多层域的交通高效协同技术难题，亟待完善综合交通运输智能服务系统。

第三节　2040年中国机械与运载领域经济社会和科技发展愿景

一、未来产业

预计到2040年，我国机械子领域工程科技将整体步入世界强国行列，形成具有国际竞争力的产业体系，拥有一批具有国际影响力的关键产品和重点产业，具备成熟的产业链和完善的基础配套，具备高效的人才培养体系。高档数控机床完成超精密、高速、高效、高可靠性的核心技术攻关及全国产化制造，引领制造业整体转型升级。压力容器、压缩机、泵、阀门等通用机械作为装备制造业的基础性产业，实现高端、绿色、智能化升级，夯实工业基础，支撑国民经济可持续发展。电机系统应用边际不断拓展，性能指标不断提高，明显提升电动汽车、航空航天发动机、船舶推进器等运行效率。民用飞机、智能机器人总体实力达到世界先进水平，工业机器人跻身于全球工业机器人制造强国行列，全面提高工业生产效率；服务机器人在多个细分领域形成领先优势，可实现让老年人的生活更加便捷，缓解社会老龄化的经济压力；特种机器人进入全球特种机器人先进国家行列，具备在各种特殊条件下代替人工的作业能力。增材制造技术由3D几何体制造向4D智能结构制造和5D生命体制造拓展，有望利用生命体的自我生长功能和制造技术的设计构建能力，创造新的生命构件，为人类健康服务，并将以机器为载体的人工智能发展成为人脑再创的类人智能，并广泛服务于经济与社会发展。智能工厂愿景，如图2-1所示。

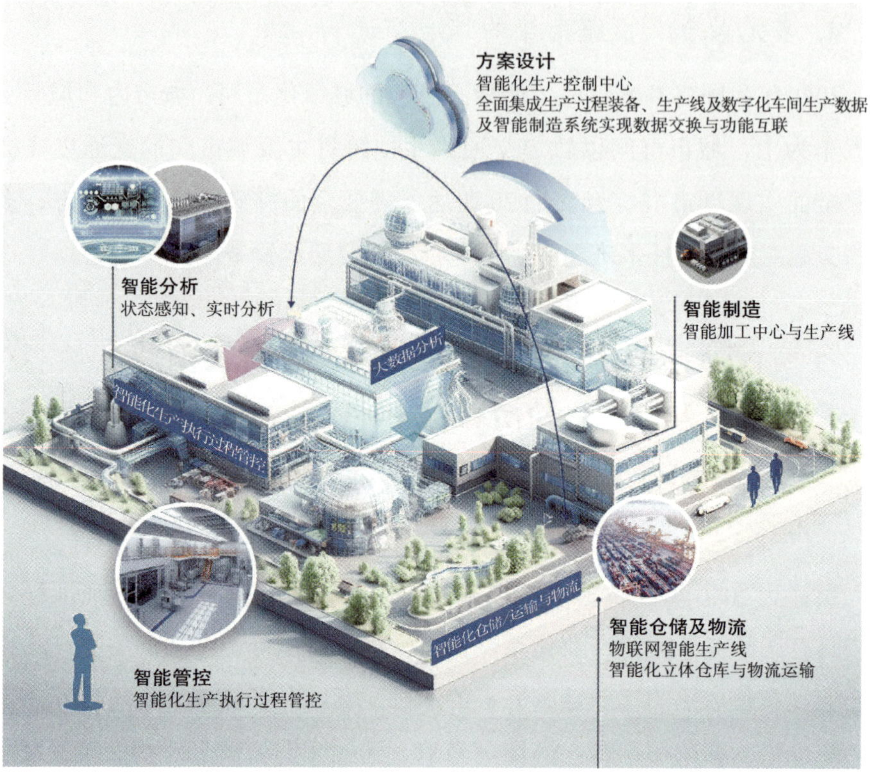

图2-1　智能工厂愿景

二、蓝色经济

2040年，我国将建成世界一流的航天技术体系和产品体系，能力与技术处于领先或与领先水平比肩，掌握重大原始创新技术、跨越性工程和技术，核心技术自主可控；运载火箭运载能力与性能水平世界一流，初步实现航班化运营；卫星性能水平世界一流，完成全球覆盖泛在互联空间，以及国家综合定位、导航、授时（positioning、navigation、timing，PNT）等体系建设；载人航天与深空探测深远程度达到国际先进水平，完成空间安全环境全球监测与治理体系、载人登月和月球基地建设，具备载人火星探测能力，太阳系广域探测取得进展，初步建成地月空间经济区，太空旅游、资源开发与利用等太空产业蓬勃发展。月球勘探愿景如图2-2所示。

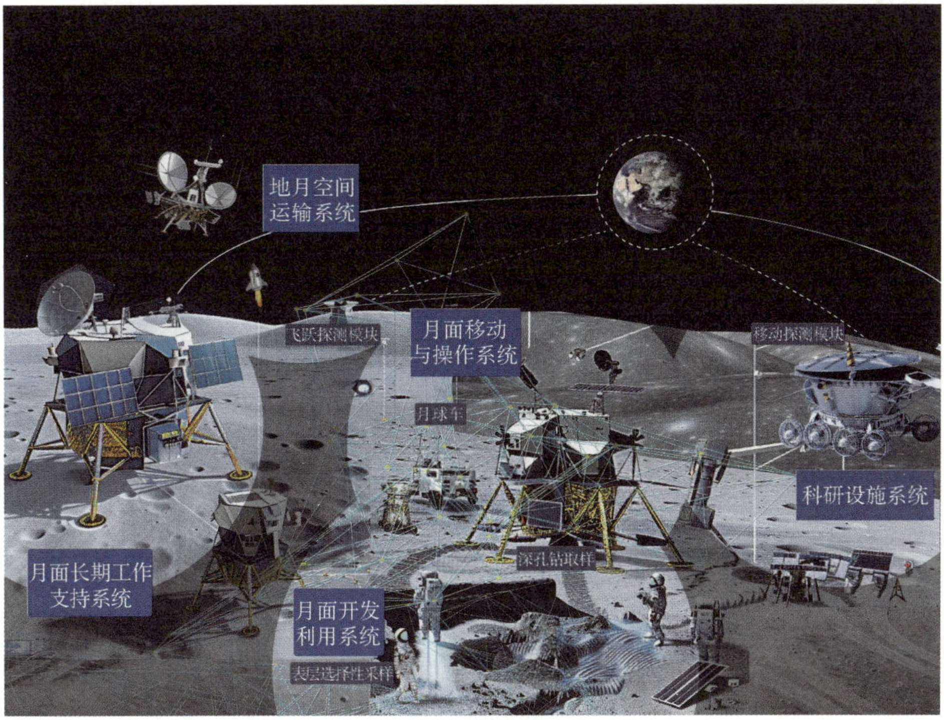

图2-2　月球勘探愿景

2040年，我国海洋经济规模将不断扩大，产业结构调整优化，以海洋产业为代表的蓝色经济成为拉动中国经济增长的新引擎；海洋各类资源开发能力大幅提升，海洋资源在我国资源供给中的比例进一步提高，成为中国经济社会发展的重要支撑；海洋开发、利用实现绿色化转变，海洋成为中国生态文明建设、实现“双碳”目标的重要支撑；海洋在国民经济安全方面的重要性愈发凸显，装备科技支撑我国在南海等重要海域安全保障能力不断增强，推动海洋（尤其是深海）成为中国落实全球安全倡议的关键领域。

三、智能交通

2040年，交通载运工具产品形态和价值被重新定义，传统飞机和人工驾驶汽车全部更替为智能飞机、无人机和无人自动驾驶汽车，城市空运飞行器、无人自动驾驶汽车成为居民使用智能化程度较高的日常用品；新材料、新结构、新功能使得交通工具产品形态发生颠覆性变化，居民共享出行更加舒适便捷；交通工具不再是出行空间中的独立个体，而是万物互联的连接节点；交通工具的价值将从私享被重新定义为共享。

2040年，全社会共同参与共享出行。共享出行不仅仅需要政府、移动出行平台、制造商等主要角色参与构建，还需要信用体系平台、城市大数据管理决策平台、出行服务供应商以及智慧基础设施企业等多方共同参与，一同构建智慧共享出行集成化体系。

2040年，居民出行生活理念将彻底改变。运输工具将转变为提供个性化服务的多功能移动空间；时间短与路线优的简单出行需求与体验感强的定制出行服务有机融合；私人独享、资源闲置的传统观念演变成公众共享、按需取用的新型交通社会文化；智能共享出行效率的提高使得城市建设去中心化，居民享有更自由的城市体验空间。智能交通愿景，如图2-3所示。

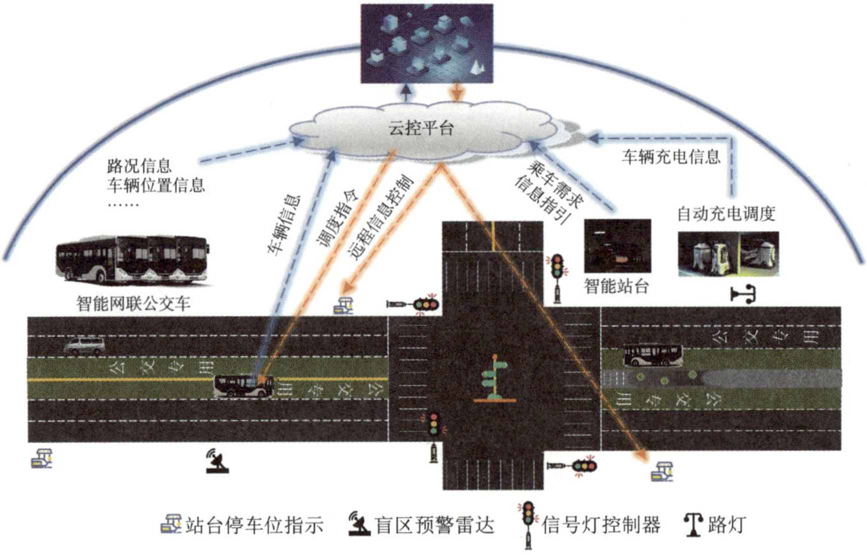

图2-3　智能交通愿景

第三章 中国机械与运载领域工程科技技术预见及发展能力分析

技术预见将科技发展大趋势与经济社会发展远景紧密结合开展前瞻性研究，本章以我国面向2040年经济社会发展需求为导向，力求将定量分析与战略研判相结合，加强以愿景为驱动的2040技术预见工作，进一步提高技术预判的科学性和需求满足度，为中长期发展战略研究提供重要支撑。

第一节 机械与运载领域工程科技2040技术预见

一、本领域工程科技2040技术预见基本情况

本书整理并分析国内外技术预见活动中制定的相关技术清单成果，利用文献计量、专利分析等定量分析工具研究前沿技术方向，通过召开专家研讨会和函询，进行备选技术征集，预见和研判面向2040年的机械与运载领域产业发展趋势和关键技术发展方向。自2022年1月起，本书项目组基于2035技术预见效果评估结果，遵循“突出前瞻引领、体现工程特色、需求和愿景导向”的遴选原则，向高校、科研院所、企业及行业管理部门的专家征集未来需要发展的关键技术，经多轮专家研讨和项目组审议通过后上报中国工程院。自2022年5月起，本书项目组基于2035技术预见专家库，经过领域学者推荐，构建了2040技术预见专家库，并通过电子问卷调查、纸质问卷发放、电话访谈等多种形式多轮推进调研。自2022年7月起，本书项目组分领域、分专题开展由粗到细、由浅及深的系统性分析。基于大数据专家问卷调查结果，使用统计分析方法形成7份子领域的量化报告；结合项目组专家研判，修正技术预见的量化分析结论，广泛多轮征集行业专家意见，并对之进

行迭代优化，最终形成3份领域分析报告。

技术预见领域划分是对未来科技发展趋势和重要技术领域进行系统分类和分析的过程，旨在理清当前技术趋势、洞察新兴技术动向，从而指导未来发展方向。经过广泛征集各领域意见，并结合机械与运载的领域覆盖性和前沿性，本书最终确定了4个子领域和17个细分领域的划分方案，如表3-1所示。

表3-1 机械与运载领域技术预见领域划分

子领域	细分领域	序号	技术方向
机械	高档数控机床	1	超精密功能器件全工艺链制造技术
		2	智能制造系统与技术
		3	工作母机正向设计与数据资源建构技术
	机械基础件	4	高端轴承寿命评价技术
		5	高端轴承精细化制造技术
		6	轻质高承载航空齿轮高性能精密制造技术
		7	超高速列车双斜齿形齿轮传动系统关键技术
		8	静音液压元件与系统关键技术
		9	极端服役条件自适应密封技术
	增材制造	10	复合材料与多材料梯度结构3D打印技术
		11	微纳3D打印技术
		12	太空3D打印技术
		13	4D打印与仿生智能结构3D打印技术
		14	生物3D打印技术
	智能机器人	15	新原理、新概念与仿生机器人技术
		16	机器人全域感知与智能决策技术
		17	机器人自主智能、行为与群智涌现技术
		18	机器人交互与人机共融技术
		19	机器人生机电一体化与生机融合技术
		20	机器人类人灵巧作业和技能学习与知识增殖
		21	微纳操控与微纳机器人
		22	人机协作型机器人及敏捷集成技术
		23	医疗与助老助残机器人
		24	极端环境作业与安全救援机器人
		25	可穿戴康复辅助机器人技术
	通用机械	26	广义管网运送机械系统与真空管道胶囊高速运载机械系统
		27	深海、深空、深地工程共性技术与通用装备
		28	温室气体捕集技术装备
		29	核废料安全处置技术装备

续表

子领域	细分领域	序号	技术方向
机械	高端电机系统	30	电气化交通运载装备高功率密度牵引推进电机系统关键技术
		31	高端装备电机系统健康监测与智能运维技术
		32	高速/超高速电机系统设计与整合调控技术
		33	高品质伺服电机系统
	精密测量与检测	34	跨尺度高分辨率显微成像技术
		35	高分辨率物质特征参数测量技术
		36	大视场高分辨率三维成像技术
		37	多相界快速无损检测技术
		38	精准测量机器人技术
		39	量子测量与计量技术
		40	微纳传感器技术
		41	柔性传感器技术
		42	极限感知和极端环境传感器技术
		43	量子太赫兹等传感新技术
航天	航天运输系统	1	低成本全球快速抵达运输总体设计技术
		2	大尺寸重复使用智能结构设计技术
		3	重复使用高效热防护技术
		4	液体运载火箭系统偏差量化表征及概率设计技术
		5	航天运输系统智能自主可演进技术
		6	智演进跨域协同柔性电气系统（含架构及软硬件）
		7	航班化天地往返运输技术（含火箭和组合动力）
		8	长期在轨低温空间运输与在轨加注技术
		9	结构材料一体化设计技术
	卫星与应用	10	在轨服务与维护技术
		11	未来多域复杂场景的空间高精度泛在 PNT 技术
		12	基于频谱资源优化的空天地信息网络技术
		13	新型空间高速和安全保密通信及有效载荷技术
		14	空间多元遥感探测信息融合技术
		15	高性能五维一体空间信息服务平台技术
		16	空间碎片监测预警与治理技术
		17	基于里德堡原子的宽谱电磁波高性能探测技术
	载人与深空探测	18	深空探测器系统自主管理技术
		19	地外天体着陆、采样、移动与起飞上升技术
		20	可重复使用载人飞船技术
		21	原位资源利用技术
		22	长期有人驻留月球基地建设技术
		23	小天体监测预警与防御技术
		24	深空探测长周期可循环生命保障技术

续表

子领域	细分领域	序号	技术方向
航天	载人与深空探测	25	应对深空探测极端环境的新型航天元器件及加固技术
		26	新一代空间高效能计算平台
		27	面向辐射效应仿真的集成电路抗辐射加固电子设计自动化技术
		28	近距离观测太阳卫星技术
	航天推进与能源	29	大推力火箭发动机技术
		30	重复使用运载器推进剂管理及新型增压输送技术
		31	重复使用发动机技术
		32	吸气式组合动力技术
		33	先进电推进技术
		34	高功率空间能源技术
		35	可逆固化推进技术
		36	新型动力技术（含核动力、爆震等）
海洋装备	海洋装备	1	自主航行船舶技术
		2	船舶零碳混合动力技术
		3	深海固体矿产开采装备技术
		4	跨介质无人航行器技术
		5	海底长期智能探测防务技术
		6	极地深水多功能油气开发装备技术
		7	海上可再生能源制氢与综合利用装备技术
		8	水下“北斗”装备技术
		9	小型核堆海上应用技术
		10	海洋装备研发虚拟测试验证技术
交通运输	航空	1	低声爆超声速民机设计技术
		2	新能源飞机技术
		3	高超声速飞机技术
		4	高自主无人飞行器技术
		5	流动控制技术
		6	多功能结构技术
		7	新概念航空动力技术
		8	全复合材料发动机技术
		9	综合化智能化航电系统技术
		10	驾驶舱人机交互混合智能技术
		11	机电系统热/能量综合管理技术
		12	新一代空管技术
		13	飞行器预测与健康管理技术
		14	新构型飞机布局技术
		15	智能发动机技术

续表

子领域	细分领域	序号	技术方向
交通运输	汽车	16	低碳零碳燃料发动机技术
		17	全固态电池等新型电池技术
		18	锂离子电池新材料技术
		19	智能电池及管理系统技术
		20	基于新材料和新功率器件的车用电驱系统技术
		21	车载智能传感技术
		22	L5 级无人驾驶车规级中央计算芯片与平台关键技术
		23	新一代信息物理车辆系统及控制技术
		24	智能底盘技术
		25	汽车智能座舱关键技术
		26	新一代汽车及其行走系统的理论与技术
		27	飞行汽车技术
		28	新一代氢能燃料电池汽车技术
		29	电动汽车与电力互联网高效交互技术
		30	数字汽车研发验证工具链
	轨道交通装备	31	动力型储能电源技术
		32	非接触式供电技术
		33	高性能复合材料应用技术
		34	轨道交通减振、降噪功能材料应用技术
		35	先进功率半导体器件技术
		36	高速列车湍流流场的主动/被动控制技术
		37	新型通信应用技术
		38	基于车联网的混合路权运行控制技术
		39	智能动车组关键技术
		40	智能运行控制关键技术
		41	智能检测监测关键技术
		42	磁浮工程化系统技术
		43	轨道交通互联互通技术
		44	轨道交通能源互联网关键技术
		45	铁路干线、城际铁路、市域（郊）铁路和城轨交通四网融合关键技术
		46	轨道交通绿色节能技术
	综合交通	47	综合交通枢纽协同组织与运行优化技术
		48	货物多式联运智能化技术
		49	智慧共享出行技术
		50	协同式无人驾驶与运行优化技术
		51	综合交通大数据多元感知与实时协同处理技术
		52	空地一体无人智能交通系统技术
		53	交通与绿色能源融合技术

续表

子领域	细分领域	序号	技术方向
交通运输	综合交通	54	新一代航运系统技术
		55	新型载运工具与立体交通工具技术
		56	全自动码头智能管控技术
		57	移动互联环境下综合交通信息服务与智慧运行技术
	交通工程	58	交通基础设施建养技术数据（知识）库构建及使用
		59	基于大数据的高速铁路基础设施故障预测与健康管理技术
		60	既有交通设施升级扩容综合技术
		61	海底悬浮隧道理论体系与关键技术
		62	低真空管道高速铁路技术
		63	智能高铁技术

此次技术预见分别于2022年5—6月、2022年9—11月开展了两轮专家调查，组织专家对技术预见调查结果进行深入分析和研判，对各领域技术发展水平进行深入评估。两轮技术预见共有5287人次专家参与问卷调查，其中第一轮技术预见共邀请专家7025人，填报2362人，参与率为33.6%，回收问卷24 583份；第二轮技术预见共邀请专家9839人，填报2925人，参与率为29.7%，回收问卷26 907份。

二、本领域技术发展水平与约束条件分析

技术发展水平主要通过对技术领先国家的判断、技术研发水平以及技术发展主要制约因素三个问题的分析来体现。一方面对单个技术项的发展水平进行评估；另一方面从整体上分析子领域、细分领域的发展水平，并进一步基于发展水平深入探讨技术发展制约因素。

1. 机械子领域

对于机械子领域技术领先国家的判断，如图3-1所示：在7个细分领域的43个技术方向中，美国在增材制造、智能机器人、精密测量与检测3个细分领域的技术发展水平全面领先；在通用机械、高端电机系统2个细分领域具有压倒性技术优势。具体地，美国有34个技术方向处于领先地位（机械基础件2个、增材制造5个、智能机器人11个、通用机械3个、高端电机系

统3个、精密测量与检测10个）。欧盟在高档数控机床细分领域的技术发展水平全面领先，在机械基础件细分领域的技术领先优势强于美国。具体地，欧盟有9个技术方向处于领先地位（高档数控机床3个、机械基础件4个、通用机械1个、高端电机系统1个）。

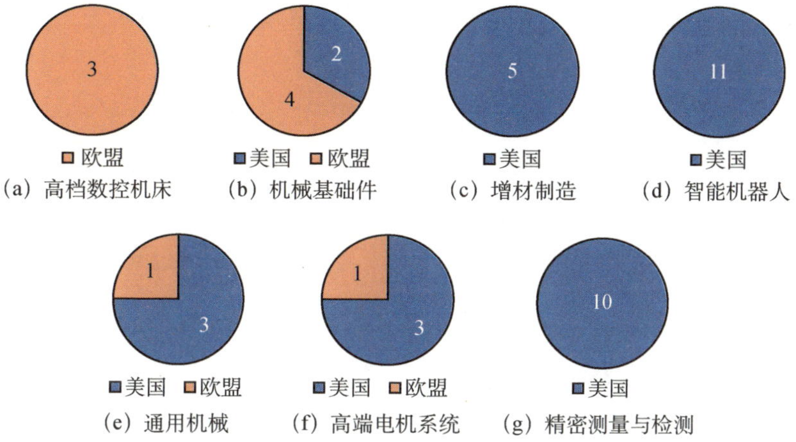

图3-1　机械子领域技术领先经济体分布

机械子领域43个技术方向的研发水平指数如图3-2所示。所有技术方向的研发水平均指数均不高于50，其中20—50的技术方向有31个，低于20的技术方向有12个。其中，“生物3D打印技术”的研发水平指数最高（50）；“轻质高承载航空齿轮高性能精密制造技术”的研发水平指数最低（3.33）。

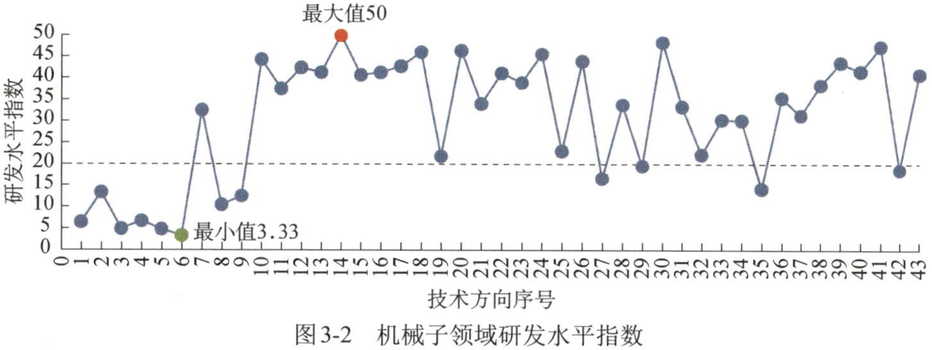

图3-2　机械子领域研发水平指数

技术方向序号对应名称详见表3-1

机械子领域、细分领域的主要制约因素如图3-3、图3-4所示。在机械子领域中，高档数控机床、机械基础件、增材制造、智能机器人、通用机械、高端电机系统、精密测量与检测等7个细分领域的主要制约因素有研发投入、人才队伍、工业基础能力及科技资源等。此外，科学原理突破、协调与合作、标准规范方面也一定程度上制约了各细分领域的发展。

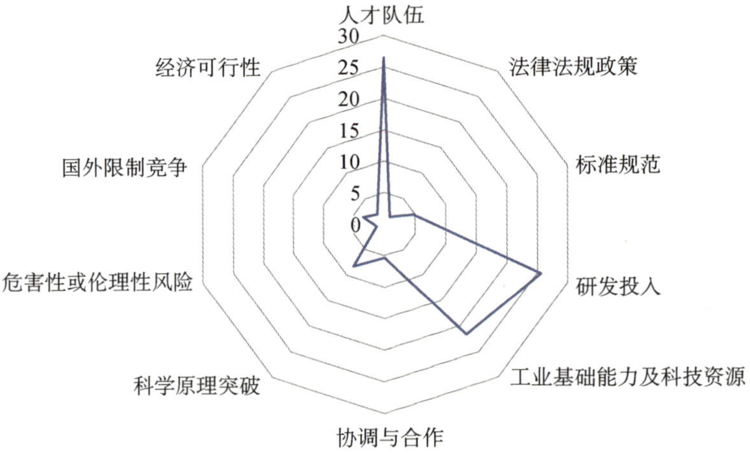

图3-3　机械子领域主要制约因素

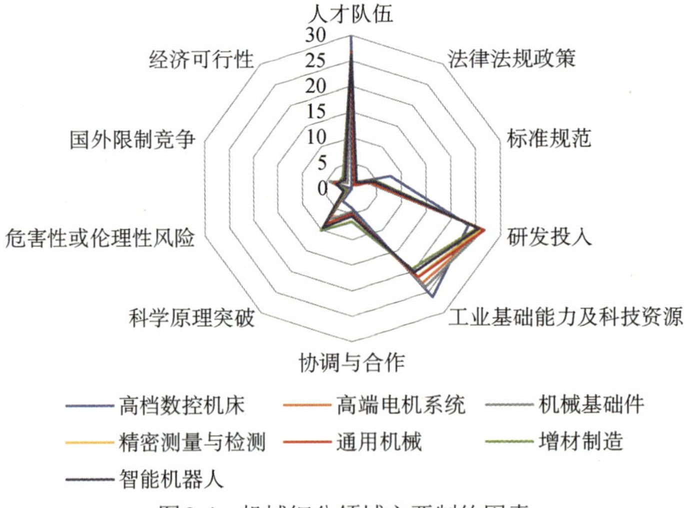

图3-4　机械细分领域主要制约因素

2. 航天子领域

美国在航天运输系统、卫星与应用、载人与深空探测、航天推进与能源4个细分领域的36个技术方向中均全面领先。参调专家认为，美国在16个技术方向上的发展水平是无可争议的世界第一（航天运输系统2个、卫星与应用5个、载人与深空探测9个）。美国和俄罗斯在航天运输系统、航天推进与能源2个细分领域中，有6个技术方向被认为共同处于世界领先水平，尤其是美国和俄罗斯在“大推力火箭发动机技术”和“高功率空间能源技术”上竞争激烈。此外，美国和欧盟在4个细分领域中均有少量技术方向被认为共同处于世界领先水平，美国、欧盟、俄罗斯在“重复使用运载器推进剂管理及新型增压输送技术”方面均处于世界领先水平，但绝大多数参调专家认为美国更胜一筹。中国在“可逆固化推进技术”“空间多元遥感探测信息融合技术”“重复使用高效热防护技术”上与美国、欧盟、俄罗斯具有一定的竞争力。

航天子领域36个技术方向的研发水平指数如图3-5所示，可以发现：研发水平指数大于60的技术方向有0个，20—60的技术方向有29个，低于20的技术方向有7个。其中，“可逆固化推进技术”研发水平指数最高（57.63），“智演进跨域协同柔性电气系统（含架构及软硬件）”研发水平指数最低（7.78）。

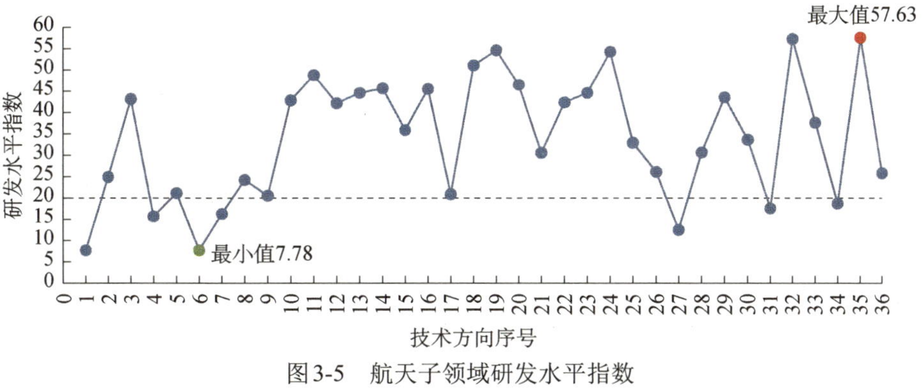

图3-5　航天子领域研发水平指数

技术方向序号对应名称详见表3-1

航天子领域、细分领域的主要制约因素如图3-6、图3-7所示。航天子领域的主要制约因素为研发投入、人才队伍和工业基础能力及科技资源，其中研发投入为航天子领域的第一制约因素。

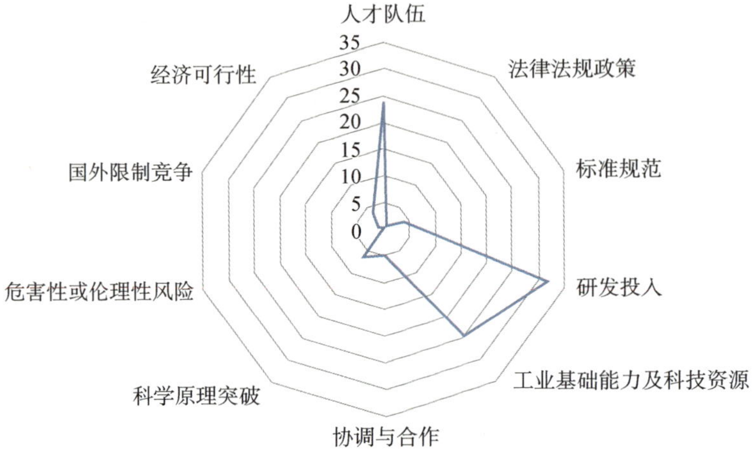

图3-6　航天子领域主要制约因素

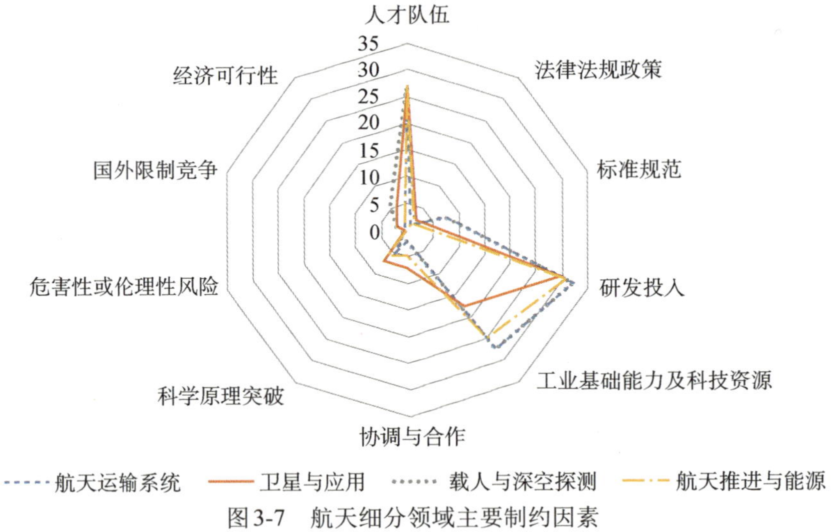

图3-7　航天细分领域主要制约因素

3. 海洋装备子领域

海洋装备子领域技术领先经济体的判断如图3-8所示，处于技术领先的主要有美国和欧盟，两者在海洋装备子领域的技术达到领先水平。排名第三的是俄罗斯，但相比于美国和欧盟存在较大差距。

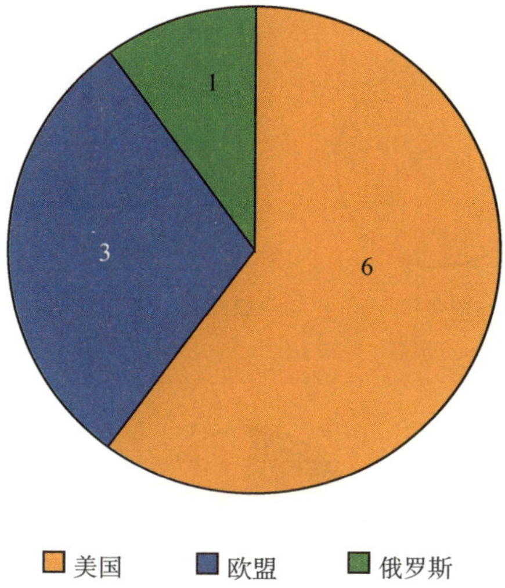

图3-8　海洋装备子领域技术领先经济体分布

海洋装备子领域10个技术方向的研发水平指数如图3-9所示。所有技术方向的研发水平指数均低于50，10—20的技术方向有2个，20—50的技术方向有8个。“自主航行船舶技术”的研发水平指数最高（42.13），“船舶零碳混合动力技术”的研发水平指数最低（13.97）。

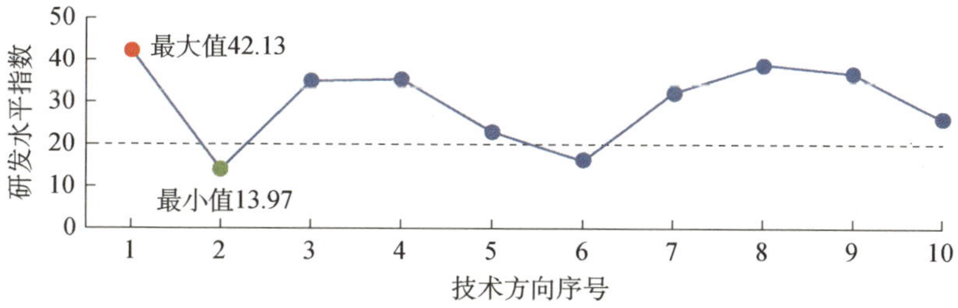

图3-9　海洋装备子领域研发水平指数

技术方向序号对应名称详见表3-1

4. 交通运输子领域

交通运输子领域技术领先国家的判断如图3-10所示。美国在航空细分领域全面领先、在汽车细分领域有11个技术方向领先、在综合交通细分领域有6个技术方向领先。欧盟在轨道交通装备细分领域有11个技术方向领先。在交通工程细分领域的6个技术方向中，美国和欧盟的领先技术方向各占一半。

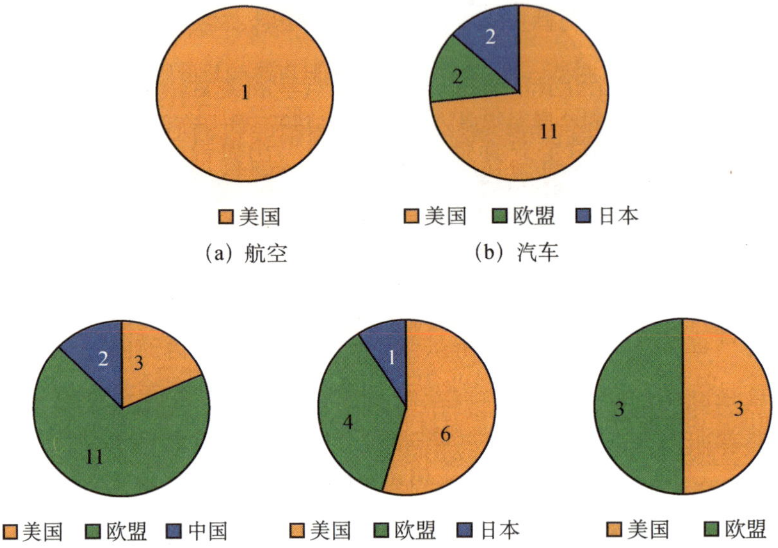

(a) 航空 (b) 汽车

(c) 轨道交通装备 (d) 综合交通 (e) 交通工程

图3-10 交通运输子领域技术领先经济体分布

交通运输子领域63个技术方向中，美国有38个技术方向（约60%）处于世界领先地位，尤其是在航空、汽车、综合交通3个细分领域的技术优势非常显著。欧盟有20个技术方向（约32%）处于世界领先地位，且技术布局较为均衡。日本有3个技术方向处于世界领先地位（汽车2个，综合交通1个）。中国仅在轨道交通装备细分领域有2个技术方向处于世界领先地位，分别是“智能动车组关键技术”和“智能运行控制关键技术”。

交通运输子领域63个技术方向的研发水平指数如图3-11所示，可以发现：研发水平指数大于80的技术方向仅有1个，60—80的技术方向有7个，20—60的技术方向有45个，低于20的技术方向有10个。其中，“智能动车组关键技术”研发水平指数最高（94.64），“低声爆超声速民机设计技术”和“数字汽车研发验证工具链”研发水平指数最低（0）。

交通运输子领域、细分领域的主要制约因素如图3-12、图3-13所示，主要表现在研发投入、标准规范和人才队伍三大方面，分别占比67%、11%和

9%。具体地，航空细分领域，研发投入、工业基础能力及科技资源、人才队伍是制约技术发展的最为主要的因素。汽车细分领域，主要制约因素包括研发投入、标准规范、人才队伍、工业基础能力及科技资源。轨道交通装备细分领域，研发投入和标准规范是最为主要的两大制约因素。综合交通细分领域略有差异，除了上述的制约因素外，“智慧共享出行技术”和“协同式无人驾驶与运行优化技术”两项技术的发展还受到法律法规政策的制约，“综合交通枢纽协同组织与运行优化技术”的发展还受到协调与合作的制约。

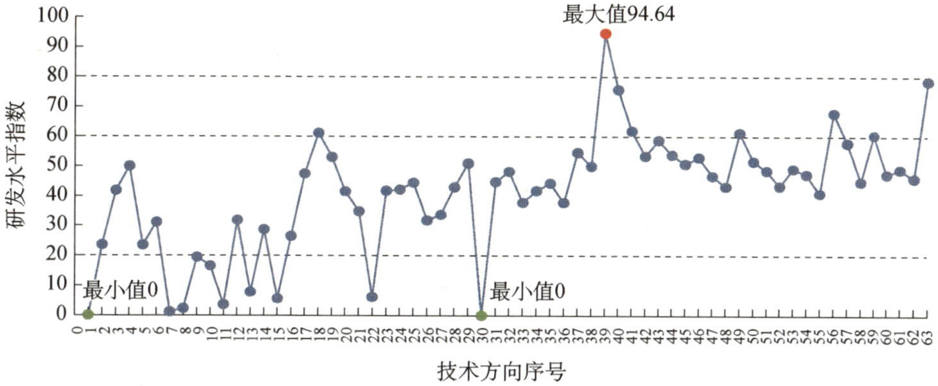

图3-11　交通运输子领域研发水平指数

技术方向序号对应名称详见表3-1

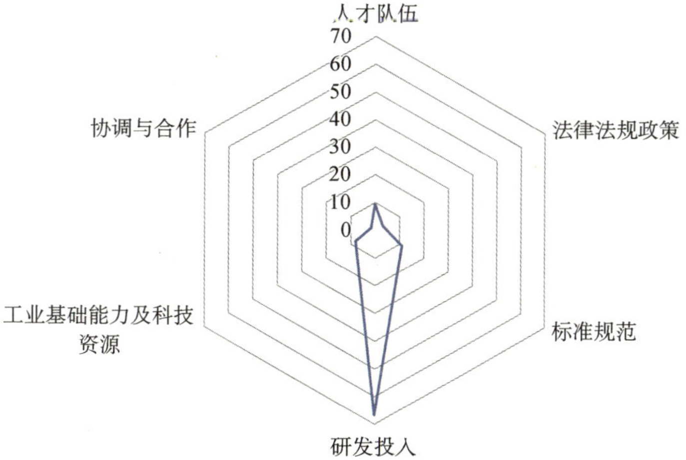

图3-12　交通运输子领域主要制约因素

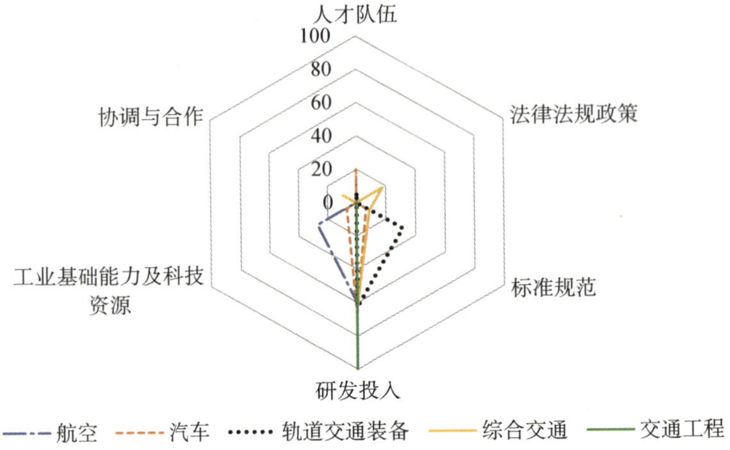

图3-13 交通运输细分领域主要制约因素

三、技术重要性分析与关键技术选择

技术的选择直接影响到领域未来的发展方向和竞争优势，主要包括关键技术、关键共性技术和颠覆性技术。关键技术是综合考虑技术的核心性及其对领域发展的带动性，所提出的工程科技各领域关键技术；关键共性技术是指技术通用性强，对领域、跨领域、多行业发展具有基础性意义和普遍推广应用价值的共性技术；颠覆性技术是指未来20年可能取得的重大突破并能对本领域或多个领域，甚至社会经济发展产生颠覆性影响的技术。

1. 关键技术

关键技术作为对该领域发展具有重要意义的技术，其直接影响着该领域的竞争力和创新能力。在分析专家调查结果的基础上，技术预见组进一步开展了多轮专家研讨，经研判，遴选出关键技术方向29个，如表3-2所示。

表3-2 关键技术方向

子领域	技术方向	综合重要性指数	实现时间/年			研发水平指数	技术领先经济体
			技术		社会（中国）		
			世界	中国			
机械	核废料安全处置技术装备	97.24	2027	2032	2041	15	美国
	高性能复杂零件的自适应变刚度超精密加工技术	92.21	2025	2029	2034	18	欧盟
	微纳传感器技术	87.80	2024	2027	2028	37	美国

续表

子领域	技术方向	综合重要性指数	实现时间/年			研发水平指数	技术领先经济体
			技术		社会（中国）		
			世界	中国			
机械	高效储氢运氢技术及装备	87.80	2026	2029	2032	25	欧盟
	轻质高承载航空齿轮高性能精密制造技术	87.71	2024	2029	2032	9	美国
	高速/超高速电机系统设计与整合调控技术	86.85	2025	2029	2033	22	欧盟
	极端服役条件自适应密封技术	83.17	2025	2029	2033	21	美国
	机器人全域感知与智能决策技术	81.60	2027	2029	2032	38	美国
	超高速列车双斜齿形齿轮传动系统关键技术	81.55	2025	2028	2029	44	欧盟
	复合材料与多材料梯度结构3D打印技术	81.09	2027	2028	2032	47	美国
航天	低成本全球快速运输总体设计技术	94.95	2026	2034	2038	8	美国
	重复使用发动机技术	95.29	2024	2029	2032	18	美国
	吸气式组合动力技术	92.17	2028	2031	2034	57	美国
	未来多域复杂场景的空间高精度泛在定位、导航、授时技术	90.72	2027	2033	2034	49	美国
	大推力火箭发动机技术	90.07	2025	2029	2033	44	美国
	重复使用高效热防护技术	89.19	2027	2031	2035	43	美国
	在轨服务与维护技术	88.58	2025	2031	2034	43	美国
海洋装备	海上可再生能源制氢与综合利用装备技术	88.56	2027	2030	2030	32.26	欧盟
	小型核堆海上应用技术	81.83	2026	2029	2033	36.79	俄罗斯
	深海固体矿产开采装备技术	79.17	2027	2029	2033	35	美国
交通运输	新一代空管技术	98.67	2027	2030	2033	31.91	美国
	协同式无人驾驶与运行优化技术	96.48	2029	2031	2033	51.67	美国
	先进功率半导体器件技术	95.87	2029	2030	2033	44.44	欧盟
	L5级无人驾驶车规级中央计算与平台关键技术	93.45	2027	2030	2033	58.33	美国
	交通与绿色能源融合技术	93.20	2028	2029	2031	49.26	欧盟
	数字汽车研发验证工具链	93.09	2025	2029	2030	39.87	美国
	高自主无人飞行器技术	92.75	2028	2032	2035	50	美国
	基于新材料和新功率器件的车用电驱系统技术	92.20	2026	2028	2030	41.67	欧盟
	综合交通大数据多元感知与实时协同处理技术	91.61	2026	2028	2031	48.57	美国

2. 关键共性技术

关键共性技术作为能够跨越多个领域、产业的通用技术，其在推动技术交叉融合、加速创新方面发挥着重要作用。在技术预见调查中，各领域研判提出了领域重要共性技术，在此基础上，遴选出关键共性技术方向28个，如表3-3所示。

表 3-3 关键共性技术方向

子领域	技术方向	综合重要性指数	实现时间/年			研发水平指数	技术领先经济体
			技术		社会（中国）		
			世界	中国			
机械	超精密功能器件全工艺链制造技术	92.98	2025	2031	2034	11	美国 欧盟
	智能制造系统与技术	90.77	2025	2029	2032	23	欧盟
	工作母机正向设计与数据资源建构技术	89.28	2025	2030	2033	7	欧盟
	深海、深空、深地工程共性技术与通用装备	86.70	2027	2031	2036	18	美国
	高端轴承精细化制造技术	86.57	2024	2029	2032	12	欧盟
	高品质伺服电机系统	85.34	2025	2029	2032	31	美国
	高端轴承寿命评价技术	84.97	2024	2029	2033	5	欧盟
	高性能金属3D打印与材料基因组技术	83.82	2025	2027	2030	58	美国
	高分辨率物质特征参数测量技术	83.54	2025	2029	2033	18	美国
	电气化交通运载装备高功率密度牵引推进电机系统关键技术	81.33	2027	2031	2032	43	美国
	人机协作型机器人及敏捷集成技术	80.37	2026	2028	2030	44	美国
航天	新一代空间高效能计算平台	96.52	2026	2033	2035	26	美国
	结构材料一体化设计技术	85.52	2028	2032	2035	20	美国
	应对深空探测极端环境的新型航天元器件及加固技术	85.35	2026	2034	2039	33	美国
	先进电推进技术	84.09	2026	2035	2038	37	美国
	大尺寸重复使用智能结构设计技术	80.92	2026	2032	2035	25	美国
	基于频谱资源优化的空天地信息网络技术	80.78	2026	2033	2035	42	美国
海洋装备	深海通信技术	75.47	2027	2023	2034	39	美国
交通运输	货物多式联运智能化技术	93.69	2026	2028	2030	43.33	欧盟
	锂离子电池新材料技术	92.71	2025	2026	2028	61.11	美国

续表

子领域	技术方向	综合重要性指数	实现时间/年			研发水平指数	技术领先经济体
			技术		社会（中国）		
			世界	中国			
交通运输	全固态电池等新型电池技术	92.63	2027	2028	2031	47.62	日本
	综合交通枢纽协同组织与运行优化技术	90.01	2026	2029	2031	46.77	日本
	车载智能传感技术	87.80	2028	2031	2033	34.88	美国
	智慧共享出行技术	87.75	2026	2027	2029	61.27	美国
	新一代信息物理车辆系统及控制技术	87.03	2027	2028	2031	41.82	美国
	移动互联环境下综合交通信息服务技术	86.59	2027	2028	2031	57.81	美国
	智能高铁技术	86.58	2028	2028	2030	78.47	欧盟
	电动汽车与电力互联网高效交互技术	86.21	2026	2027	2029	51	美国

3. 颠覆性技术

颠覆性技术作为未来可能对产业和经济社会发展产生重大影响的技术，能够改变领域内或更广范围内科技、经济的现状与格局。此次专家调查结果，如表3-4所示，遴选出7个颠覆性技术方向。

表 3-4　颠覆性技术方向

子领域	技术方向	综合重要性指数	实现时间/年			研发水平指数	技术领先国家
			技术		社会（中国）		
			世界	中国			
机械	广义管网运送机械系统与真空管道胶囊高速运载机械系统	88.98	2030	2033	2037	35	美国
	生物3D/4D打印材料与技术	83.93	2028	2029	2034	45	美国
	新原理、新概念与仿生机器人技术	83.70	2028	2032	2034	32	美国
	量子测量与计量技术	82.91	2028	2029	2032	35	美国
航天	航班化天地往返运输技术	93.8	2030	2035	2038	16	美国
海洋装备	跨介质无人航行器技术	80.59	2027	2030	2034	35.42	美国
交通运输	新概念航空动力技术	91.13	2029	2035	2040	1.19	美国

（1）广义管网运送机械系统与真空管道胶囊高速运载机械系统

广义管网运送机械系统利用管网快速、安全输送物体（不仅限于油气）。真空管道胶囊高速运载机械系统通过真空泵将密闭管道抽成接近真空状态，大幅减小空气阻力和噪声，实现飞行列车超声速“近地飞行”。关键核心技术包括真空管道技术、高效散热系统，以及真空泵、真空隔断阀门等技术装备。该机械系统是新一代交通工具，与传统高铁相比，运行速度提升10倍，与民航客机相比，速度提升5倍，一旦实现将彻底颠覆现有的交通运输方式。

（2）生物3D/4D打印材料与技术

以重建人体组织/器官为终极目标的生物3D/4D打印技术，在健康医疗领域表现出巨大的研究价值和应用潜力。生物3D打印从假体、组织向器官和基因方向发展，从替代组织向活性组织和神经功能组织发展。开展复杂器官人体在线实时打印技术研究、3D打印细胞组织与人体宿主组织的融合性研究、细胞和基因调控技术研究、人体组织的精准复现技术研究，支持辅助医疗科学的发展，这些都将在生命科学的研究和个性化治疗中发挥变革性的作用。而计算机三维仿生快速成型技术和打印材料（如生物墨水）则是影响其深入发展和实际应用的核心要素，包括开发钛及钛合金植入体、含细胞/生物活性物质的个性化活体器械或器官，高度仿生组织器官微环境构建，具有复杂生物学功能和刺激智能响应功能的新型打印材料、多材料一体化生物墨水的制备及打印技术等。

（3）新原理、新概念与仿生机器人技术

新原理、新概念与仿生机器人技术是通过新型本体材料、新型感知机理、新型驱动技术、新型智能范式、跨介质融合理论等创新性研究，实现新概念、新原理机器人系统的创建，探索和借鉴人、四足动物以及其他动物的功能、结构、运动、感知、决策的机理，研究双足、多足、仿人机器人、动物型机器人等仿生机器人的仿生运动、结构等，引领机器人学科前沿，推动先进技术综合平台的跨越式发展。

（4）量子测量与计量技术

量子测量与计量技术是针对超精密计量、超高灵敏检测、超远距离测量等难题，研究基于量子态准确测量的温度/压力等物理量计量标准装置、基于高性能单光子探测的非视域量子成像仪器、基于高性能单光子探测的光量子雷达等，利用量子状态对环境的高度敏感，可以对时间、位置、加速度等物理量实现超越传统技术极限的量子精密测量，大幅度提升卫星导航、水下定位、医学检测和引力波探测等的准确性和精度。

（5）航班化天地往返运输技术

航班化是航天运输系统发展的高级形式和创新布局实施第五代航天运输标志性技术的重要途径。航班化航天运输采用定期、定线路模式，具有大规模、跨域、可靠、安全、经济、便捷、灵活、有序的基本特点，能够满足地面点对点运输、大规模进出空间的任务需求，将带动多频次长寿命运载器、先进组合发动机、超高温轻质材料、高可靠智能控制等高新技术的创新发展。预计到2045年，将实现航班化运输按需发射，每年总飞行次数达千次量级，总货运万吨级，总客运万人次①，形成体系化能力和规模化产业，总体性能水平达到世界一流，全面建成我国航班化航天运输系统，满足我国航天重大任务和商业化运营需求。

（6）跨介质无人航行器技术

跨介质无人航行器是一种能同时拥有水中、空中运动能力，且能通过自身能量多次跨越水、空两种介质，通过搭载相应的传感器能完成水中、空中作业任务的无人航行器，综合了水下航行器的隐蔽性以及空中飞行器的快速性优势，具有广阔的应用前景。目前，跨介质无人航行器的研究多数停留在理论层面上，设计制造出原理样机的不多，原理样机能够完成水下航行、出水、空中航行、入水这一循环的少之又少。未来10—20年，针对跨介质无人航行器的研制问题，迫切需要解决压力与重量控制、出水姿态控制与入水抨击、能源供给与跨介质通信等方面问题。

（7）新概念航空动力技术

新概念航空动力是指采用新原理、新构型研制的新型航空发动机，主要包括波转子发动机、冲压转子发动机、分布式推进发动机、涡轴发动机、涡扇发动机、爆震发动机、核动力航空发动机等。该技术将为高空、高超声速

① 我国计划在2045年实现航班化航天运输1小时全球抵达. https://www.gov.cn/xinwen/2020-09/18/content_5544551.htm[2020-09-18].

等多种新型飞行器提供动力，满足多种航空运输任务需要，实现经济高效、远程快速到达等飞行目标。

第二节　中国机械与运载领域工程科技体系发展能力分析

当前，全球科技竞争日益激烈，机械与运载领域作为国民经济的重要支柱，其技术水平不仅关系到国家的综合实力和国际竞争力，还直接影响国家的经济安全和国防安全。经过多年的发展，机械与运载相关领域正处于“由大向强”的关键时期，一些前沿方向开始与国际并行甚至领跑。然而，与国家发展的远景目标相比，一些领域发展仍然存在诸多问题，如科技创新基础不牢、核心技术差距显著、关键部件受制于人。机械与运载领域工程科技体系发展能力分析如下。

一、机械制造业门类齐全，但工业基础瓶颈有待突破，高端产业、国际品牌发展不足

我国机械子领域门类齐全、具有相当规模，部分重点领域达到世界领先或先进水平，一批标志性重大技术装备取得新突破。我国通用机械经过多年发展，已成长为规模庞大、门类齐全、基础坚实的产业。我国是全球通用机械制造大国，拥有机床细分行业最全的零部件制造体系，已形成产品谱系齐全的智能机器人产业，初步建立了完整的增材制造产业链。截至2023年，我国工业机器人年销量自2013年起已经连续10年位居世界首位，高性能大型复杂构件的增材制造能力在国际上处于领先水平。随着产业结构调整和多年技术深入攻关，“空心化”问题得到了初步解决，在技术水平上与发达国家的差距逐步缩小，中、低端市场具有较高的市场占有量，并呈现逐步提升高端市场的占有量的趋势。

1. 工业基础瓶颈有待突破

当前我国机械子领域产业基础较为薄弱，核心零部件和关键材料寿命可

靠性不高，在一定程度上影响了装备产品的质量和稳定性。虽然我国不少领域的“主机”国产化是成功的，但某些领域“缺芯少魂”现象仍较为突出，如国产大飞机的机载设备、原材料和配套件，大型盾构机主轴承、齿轮箱密封，工业机器人控制器、专用伺服电机，激光器光学元器件等寿命及可靠性较差。测量领域的高性能核心单元零部件依旧被欧洲和日本等垄断。例如，制造业装备的高精度光栅尺和编码器等位置反馈单元市场几乎被国外公司垄断。我国机械子领域产业短板问题较为突出，基础工艺较为薄弱，产品的一致性、稳定性、寿命、可靠性需全面提高。产业技术基础不牢固，产品质量呈“金字塔”形分布（以中低端质量产品为主，高质量产品严重不足），重大技术装备的工业设计软件、标准、检测、认证等基础体系也还不太完善，难以有效发挥对制造业高质量发展的支撑保障作用。

2. 制造业中低端锁定困境

我国部分重点产业达到了世界领先或先进水平，如通信设备、先进轨道交通装备、输变电装备、纺织、家电产业处于世界领先水平。但从整体上分析，我国制造业整体水平在国际上还比较落后，如国产飞机、航空机载设备及系统、高档数控机床与基础制造装备、机器人、高技术船舶与海洋工程装备、节能汽车、高性能医疗器械、新材料、生物医药、食品等产业与国际先进水平相比仍存在较大差距，特别是我国的集成电路及专用设备、操作系统与工业软件、智能制造核心信息设备、航空发动机、农业装备等产业与国际先进水平相比差距较大。目前“中国制造”仍然处于全球产业链的中低端和低附加值环节，处于“微笑曲线”中间区域的生产制造部分，低价值、低利润的加工组装环节在我国出口贸易中占据较大份额，“两端在外”的发展模式仍然没有彻底改变。

3. 国际品牌缺失

我国制造业尚未形成长远的品牌发展战略，缺乏长期的、科学的品牌战略管理的企业，国产自主品牌出口比重远低于发达国家。根据国际品牌咨询机构英图博略（Interbrand）发布的2023年全球品牌100强榜单，我国只有华为和小米两个品牌上榜。在世界品牌实验室（World Brand Lab）发布的2023年《世界品牌500强》榜单上，美国占据193席，继续保持品牌大国的地位；法国、中国、日本和英国分别有49个、48个、43个和34个品牌入选，为世界品牌大国的第二阵营；全球前10中无中国品牌；在榜单前100名，中国品牌只有国家电网、腾讯、海尔、华为、台积电入选。自主品牌的缺失已经成为中国由制造大国迈向制造强国的瓶颈。大量出口低附加值的商品依赖数量出口的模式，不仅造成了国内生产资源的低效使用和大量资源的浪费，而且对外贸和国民经济的健康发展带来一系列不利影响，降低了我国制造业核心竞争力。

二、航天工程关键技术自主可控，但运载火箭、卫星应用等领域与美国差距显著，部分元器件与核心部件受制于人

航天工程科技总体能力跻身世界先进行列。我国在航天运输、卫星与应用、载人航天和深空探测等领域取得了举世瞩目的辉煌成就，相关总体能力已跻身世界先进行列。以“长征五号”为代表的新一代运载火箭进入应用发射阶段，有利于支撑国家重大工程的实施；北斗导航系统全面建成并投入运营，定位精度服务能力全面提升；中国空间站已全面建成，我国载人航天进入空间站时代；“嫦娥五号”“嫦娥六号”实现月面采样返回，“天问一号”一次性实现火星绕、落、巡，我国星际探测征程迈出了重要一步。我国航天产业链齐全，关键技术总体自主可控；培养了一批兼具战略思维及先进科技攻关能力的科技人才，为航天事业的可持续发展奠定了坚实基础。

航天运输方面，我国运载火箭与世界航天强国主流火箭尚存在较大差距。目前我国现役主力火箭仍以有毒推进剂为主，正在向新一代无毒无污染火箭升级换代，重型火箭尚未开展工程研制；世界主要航天国家近期将陆续推出可复用下一代新型火箭，重型火箭已完成首飞，而我国与之还存在较大差距。运载效率等性能指标、入轨质量等与国外先进水平差距明显。根据《中国航天科技活动蓝皮书（2022年）》，我国运载火箭运载效率较低，固有可靠性、发射准备时间，以及发动机比冲、推质比、推力调节能力等核心指

标差距明显，材料工艺等基础技术差距大。发射次数相当时，我国入轨质量为美国的1/2—1/4。可复用、智能化、轻质结构材料等新技术距离工程应用存在差距。国外运载火箭可复用已进入工程化应用阶段，并向航班化迈进，而我国在可复用技术上距工程应用存在一定距离，智能、轻质结构材料等新技术应用不足。

卫星与应用方面，我国通信卫星在数量、容量，以及在高轨通信卫星数量、单星容量等方面与国际先进水平仍存在较大差距。低轨星座方面，我国起步晚、发展慢，与国际先进水平存在明显差距，且存在差距逐渐拉大的风险。导航卫星在区域增强方面与国际先进水平尚有差距。“北斗三号”卫星导航系统建成后，与美国GPS-Ⅱ在定位精度、测速精度、授时精度方面相当。我国北斗导航系统区域增强技术有待进一步发展，在补网卫星中逐渐向全球增强扩展。遥感卫星分辨率等性能指标与国际先进水平存在差距。我国光学高分辨率对地成像卫星的成像质量与国际先进水平存在一定差距。我国雷达对地成像卫星在成像新体制等方面与国际先进水平还存在差距；陆地中分辨率卫星已达到国际先进水平；海洋水色观测卫星载荷与国际先进水平仍存在较大差距。

载人航天与深空探测方面，深空探测的距离与美国存在较大差距。我国深空探测距离美国的240亿公里以上[旅行者1号（Voyager 1）]存在较大差距。探测天体数量与类型与美国存在差距。我国成功开展了月球探测、火星探测。但相比美国，无论是探测天体的数量还是类型，都存在差距。深空探测的通信能力与美国存在差距。中国深空网络可以支持月球和火星探测的测控任务，但在测控距离、数量规模、多任务支持能力与覆盖率上与美国存在差距。载人飞行器能力与美国存在差距。我国神舟飞船具备3人/次运输能力，美国达到6人/次，且我国尚不具备载人地外天体表面着陆能力，与美国相比存在差距。

推进与能源方面，液体动力的推力、比冲、推重比、节流能力等技术指标与国际先进水平存在较大差距。在技术水平上，液体动力在材料、制造、试验等基础共性技术方面与国际先进水平有较大的差距。固体动力性能先进，但规模及检测等技术应用差距较大。航天运载固体动力性能（如比冲、质量比等）与国外性能基本接近，但规模（如直径、推力等）、在线监测技术等差距较大。吸气式与组合动力核心技术取得较大进步，但设计手段与方法仍有较大差距。在多模态燃烧组织、主动热防护等方面走在世界前列，但在组合动力模态转换、发动机多变量协同控制以及新方案的探索应用上研究不足。电推进技术取得快速发展，但与国际先进水平仍存在较大差距。中小功率电推进已初步实现应用，大功率电推进技术仍处在关键技术攻关阶段，但技术水平与国际先进水平相差近20年。新型动力及能源方面原创性成果偏少，创新能力与世界航天强国相比有显著差距。我国开展了核热发动机、旋转爆震等前沿动力及新型能源探索研究，但缺少原创性的新技术。

元器件与核心部件方面，航天元器件关键制造与设计技术受制于人，新型器件工程化与应用进展缓慢。关键EDA①/IP②、流片与封测设备依赖国外技术；高算力、高功率、耐高温、耐强辐射等高端芯片与世界先进水平差距较大，如美国已启动耐500℃宽禁带材料集成电路研制；航天专用芯片工艺线比美国差三代以上，美国碳基与硅基的特种工艺融合进入工程化阶段。航天器导航部件缺乏基础创新导致总体落后，关键材料和器件受制于人。在机理研究和技术方案方面缺乏创新，基于核磁共振、原子干涉、微半球谐振等原理的新型惯性仪表性能比国际领先水平差1—2个数量级；在磁屏蔽材料、激光光源和原子气室等关键材料和器件方面基础薄弱，尚未完全实现自主可控。航天器控制部件标准化、系列化、智能化落后，工程实现能力不足、基础软硬件差距较大。NASA在SLS等探索项目中提出通过软件定义技术赋能开放式的分布式综合电子的整体架构，NASA“二十一点”项目采用全新的人工智能卫星运行控制管理系统。航天专业设计软件受制于人，技术、功能、场景、生态差距较大。从芯片到电子系统、从构件到箭体、从航天器外气动力到发动机内燃烧、从发射到运维，航天工程使用的设计和仿真软件几乎被进口产品垄断；国产软件在技术、功能、应用场景和生态环境方

① EDA，即电子设计自动化（electronic design automation）。
② IP，即知识产权（intellectual property）。

面与进口软件相比有较大差距。

三、海洋装备产业链完备，但高端装备研发能力和技术储备欠缺，核心设备自主化率有待提升

我国海洋装备已进入高质量发展阶段，海洋运载、海洋资源开发、海洋安全防务以及海洋科学等重要工程技术领域呈现快速发展的局面，形成了较为完整的产业链。我国具备了散货船、油船、集装箱船、液化天然气船等全系列船型研发、设计、建造能力，以及同时建造航空母舰、大型液化天然气运输船、大型邮轮的能力，主流船型总装设计建造的规模、能力和水平处于国际先进水平；海洋油气开发方面，具有总装优势，与韩国、新加坡形成三足鼎立，浮式生产储油船（floating production storage and offloading，FPSO）及半潜式钻井平台建造技术已处于国际先进水平，海洋石油勘探开发装备技术实现了从300m深水向1500m超深水的历史性跨越，具备了在全球各海域提供3000m以内水深全方位勘探、开发和生产服务的能力；以“奋斗者”号为代表的深海潜水器迈向万米时代，我国具备进入世界海洋最深处开展科学探索和研究的能力；中国国家海底科学观测网目前已经进入规模化建设阶段，初步构建了“两洋一海”海洋观测网络；建造一批以“雪龙”号为代表的技术先进科考船，第一艘面向深海的万吨级海洋科考船开建；我国海上维权装备发展迅速，战技性能和规模数量大幅提升，作战体系不断完善，逐步缩小了与海洋军事强国的差距。

整体来看，除海洋运载装备和海洋油气勘采平台装备外，我国其他海洋装备产业发展集中在低技术含量、低附加值的低端海洋装备制造领域，高端、前瞻性装备的研发和技术储备欠缺，关键核心设备依赖进口，国际竞争力有待进一步提高。

海洋运载装备方面，总装建造的绿色化、智能化程度显著低于日韩，智能船设计制造技术的发展相对滞后；新型高端装备大多不具备完全自主开发设计能力，极地运输船、大型豪华邮轮等定制化程度较高的船型研发设计还存在短板；原创性基础研究依然不足，基础研究与工业技术研发脱节依然严

重；船用设备技术基础薄弱，新型装备研发周期长，技术迭代升级缓慢；我国海洋海工装备配套设备本土化率不高，高端海工装备配套设备依赖进口。

海洋资源开发装备方面，海洋油气开发装备的诸多高端装备依然依赖于国外进口，如地震勘探技术、探测技术等钻井开采技术；生产装备技术方面，超深水浮式生产装备自主设计建造能力不足；海上油田方面，其数字化、智能化、绿色化技术储备不足。深海矿产资源开发技术整体处于起步阶段：深海采矿系统动力特性分析等基础科学问题研究较为薄弱；矿石开采装备尚未得到有效验证，核心装备的设计研发能力较弱；环境友好型开采和输送装备亟待研发；关键技术缺乏海上试验和验证的手段。海洋可再生能源开发装备发展面临以下问题：以漂浮式为代表的海上风电前沿技术在研发和高性能材料研发等关键与共性技术上仍存在短板；潮流能装备在实践中主要存在装置易损坏、发电效率不高等问题；波浪能装备主要面临如何高效俘获和转换以及在恶劣海况下保持安全、提高装置的可靠性的问题。

海洋安全防务装备方面，装备体系化智能化水平不高，水下管控处置能力较弱。我国海警维权执法平台装备尚未形成标准化、系列化型谱。水下有人/无人装备及通信网络体系尚不成熟，难以满足海警部队立体化维权执法任务需求。海上预警探测手段较为落后，复杂气象条件下的海上预警能力不足，现役航母缺乏成熟的舰载预警机。

海洋科学装备方面，载人深潜器能量效率、机动性、集群作业、智能化等技术有待提升，产业化不足；无人潜器未进行系统化的规划研究，遥控潜水器（remotely-operated vehicle，ROV）、自主式水下航行器（autonomous underwater vehicle，AUV）、滑翔机等关键装备多处于工程样机阶段，大多是由国家政策和科研项目支持，商业化水平和成熟度不高，部分核心部件缺少工业基础和配套能力；极地船舶能力建设严重不足，缺乏极地重型破冰船和极地立体观测平台、极地高端运输船；海洋传感器与通用技术相对落后，水下传感器和关键元器件等相关配套设备对外依赖性强，距离建成全海深、一体化、实时、高分辨率的海洋立体观测网络还有很长的路要走。

四、交通运输体系规模宏大，但航空系统性技术研发和预研能力不足，汽车芯片、传感器和工业软件发展落后

我国拥有世界第一的高速铁路运营里程、高速公路运营里程、内河航道里程、港口万吨级及以上泊位数量、城市轨道交通运营里程，将城市空间中地面、地下和高架交通相组合，将道路、铁路、水路、空中交通等交通形式相结合，多个城市着力打造现代化城市立体交通系统。我国综合交通运输体系已具规模，交通运输效率有效提升。

城市综合交通方面，随着城市化进程的加快，传统的城市平面发展模式带来的空间短缺、生产效率低下和环境破坏等问题在城市发展中日益凸显，城市地区人口密集、人员流动频繁，交通运输强度大、频次高，多种交通方式并存，结构复杂且注重时效，城市交通综合立体化应用可有效缓解城市交通拥堵问题，成为多样性出行选择的必然要求，同时合理的交通立体规划有利于引导城市空间结构调整、优化空间布局、避免形成水平蔓延的粗放发展模式，提高交通出行效率。目前，我国已有多个城市着力打造现代化城市立体交通系统：青岛提出了海陆空铁四维立体交通模式，建立了以国际化空港、现代化海港为中心，以高速铁路、高速公路为骨干，与城市交通系统紧密衔接的现代化立体综合交通运输体系；扬州提出了水陆空一体交通模式，利用长江水道对接现代航运体系，完善以“五纵七横”为布局的复合城市快速路网，建成并运营扬州、泰州国际机场，投资打造高铁时代“城市客厅”；成都提出了建立“站城一体化”立体交通模式，建设地铁线路无缝衔接商贸中心，全力提速城市建设；重庆提出了“五线一区间”公交化列车运营方式，将城铁车站深度融入城市空间，以最大限度地利用城市空间资源。通过城市交通的综合立体化拓展，将城市空间中地面、地下和高架交通相组合，道路、铁路、水路、空中交通等多种交通形式相结合，形成了现代化城市立体交通系统的多维联合交通新模式。

航空交通方面，航空运输具有作业空间广、运输距离长、时效性强的特点，与全球化交通发展趋势高度适配。虽然我国航空交通发展起步较晚，但

在经济全球化的发展大背景下，我国的航空交通得到了快速发展，规模和运力均居世界前列。截至2022年底，我国民航拥有运输飞机4165架、通用航空器3177架，机场总设计容量达15亿人次，运输机场总数达到254个，通用机场399个[①]。《2022年民航行业发展统计公报》显示，受新冠疫情影响，2022年全年依然完成航空运输总周转量599.3亿吨·公里、旅客运输量2.5亿人次、货邮吞吐量607.6万吨。我国已初步建成京津冀、长三角、粤港澳大湾区和成渝四大世界级机场群。尽管我国在航空交通领域取得较大的进步，但受限于发展时间，与民航运输发展成熟的国家相比，现阶段，我国的航空交通市场发展规模仍有很大的发展空间。在航空交通科技层面，我国也取得了长足的进步。C919客机的成功交付运营，标志着我国已具备自主研发大型喷气式民用客机的能力，相关技术达到世界先进水平。此外，得益于我国基建能力的快速提升，与航空业配套的基础设施建设水平也位居世界前列。在航空安全保障方面，初步实现了对空中管制系统等关键技术的突破。但与国际先进水平相比，我国的航空交通技术整体仍有不足，在航空器、发动机、机场设施、空中交通管理、航空公司运营等领域尚存在“卡脖子”难题。

道路交通方面，得益于兼具规模和高效的公路网络，我国已建成世界领先的公路货运交通体系，截至2022年底，我国公路通车里程535万公里，其中高速公路17.7万公里[②]，形成了从“连线成片”到“基本成网”、从高速公路到普通公路衔接连贯的层层辐射格局，道路交通网络布局实现规模和质量双跃升。根据《2022年交通运输行业发展统计公报》，2022年中国公路全年完成营业性货运量达371.2亿吨，全年完成营业性客运量35.5亿人次。在道路交通工具方面，截至2022年底，全国机动车保有量达4.17亿辆，其中汽车3.19亿辆[③]。为减少机动车尾气带来的空气污染和碳排放问题，我国大力发展以纯电驱动为特征的新能源汽车并实现规模化应用，截止到2022年1月

① 中国民航局：今年我国民航运输市场有望迎来显著复苏. https://www.gov.cn/xinwen/2023-01/06/content_5735379.htm[2023-01-06].

② 图表：我国高速公路通车里程稳居世界第一. https://www.gov.cn/zhengce/jiedu/tujie/202311/content_6916753.htm[2023-11-23].

③ 全国机动车保有量达4.17亿辆 驾驶人超过5亿人 新能源汽车保有量达1310万辆 同比增长67.13%. https://www.mps.gov.cn/n2254098/n4904352/c8837543/content.html[2023-01-11].

新能源汽车保有量达1310万辆，我国已成为全球最大的新能源汽车市场，新能源汽车市场保有量持续维持全球第一。道路运载车辆电动化的不断升级，大幅提升了新能源汽车碳减排效能，为世界节能减排事业做出卓著贡献。随着新能源汽车技术不断进步，智能化、网联化和信息化成为汽车技术的主流技术方向，自动驾驶、车路协同、智能网联等新兴技术赋能道路交通并示范应用，智能交通中出现了更多中国标准、中国方案，而众多城市智能交通示范在提高人们出行效率和体验的同时，也为缓解交通拥堵、降低环境噪声等发挥了重要作用。车联网、电力网、智慧交通网的深度融合有效提高了能源利用效率及交通运输效能，大幅度减少了道路交通的碳排放。北京建成了包括交通事故应急管理系统、高速公路管理系统、公交指挥调度管理系统在内的智能交通管理体系；广州建成了集静态交通信息管理系统、运输物流信息平台、信息网络共享平台于一体化的智能交通体系。郑州智慧岛•智能网联电动公共交通把“聪明”的车与“智慧”的路结合起来，通过信息整合平台发布操控指令，实现了自动驾驶、自动充电、智能调度等功能，提升车辆运行效率高达50%，与普通新能源汽车相比能够降低10%以上的能耗，真正实现了“车-路-场-云”的一体化智能协同控制。尽管我国新能源汽车领域在某些方面领跑世界，但在汽车部分核心技术，如车用芯片、汽车研发软件等领域仍受制于人。

轨道交通方面，轨道交通运输是现代长途运输的主要方式之一，其运营成本低、输送量大、受环境影响小，特别是在地形复杂、地区环境差异大的地区能够最大限度地发挥其优势。出于对中国地理和经济形势的战略考量，大力发展铁路运输产业是时代之需。《2023年交通运输行业发展统计公报》显示，截至2023年底，我国铁路营业里程达15.9万公里，其中高速铁路运营里程达4.5万公里。2023年全年完成货运总周转量36 460亿吨·公里、旅客周转量14 729亿人·公里，交通运输量稳居世界第一。尤其在高铁行业，我国营运总里程高于除中国外世界排名前10国家的总和，高铁相关技术已成为我国的“名片”。随着我国“八横八纵”高铁网络加密成型和智能化技术的应用，高铁将为人们提供更全面、更便捷的出行服务，以及更多出行方式选择空间，极大地提升了出行效率、出行质量。此外，城市轨道交通线路增长迅速。《城市轨道交通2023年度统计和分析报告》显示，截至2023年底，全国共有59个城市开通运营城市轨道交通线路338条，运营里程11 224.5km，其中地铁运营里程已超8543km。通过长期发展和技术迭代，我国轨道交通已形成整机制造、核心系统、关键零部件协调发展的产业集群优势。智能化技术实现应用验证：北京地铁将国际领先的超高速无线通信5G技术应用于车-地通信系统，切实解决了地铁通信信号难以持续稳定的难题，为乘客提供更为舒适和便利的乘车体验；深圳地铁打造了世界首座“数智城轨底座”，构建了基于“云网协同”的一体化基础设施平台，建设了真正意义上的智慧车站；上海地铁集成众多先进技术，打造了国内运营里程最长的全自动无人驾驶国际最高等级的GoA4级地铁线路，在实现无人驾驶的同时降低运营复杂度、提升了出行效率。

水运交通方面，水运作为交通运输体系中货物周转量比例最高的交通运输方式，具有运能大、成本低、污染小、占地少等优势，在我国综合运输体系中占据重要地位。我国现已成为世界上具有重要影响力的水运大国。2022年，我国港口规模世界第一，港口拥有生产性泊位2.1万个，全国港口货物吞吐量完成156.9亿吨，港口集装箱吞吐量超过3.0亿标准箱①，两项指标均居世界第一，在全球港口货物吞吐量和集装箱吞吐量排名前10的港口中，中国港口分别占8席和7席②。截至2022年底，我国内河航道的通航里程达12.8万公里，居世界第一，全国累计水路货物运输量达85.5亿吨，同比增速3.8%③；海运船队规模持续壮大，截至2022年底，我国海运船队运力规模达3.7亿载重吨，居世界第二位④，中国远洋海运集团有限公司、招商局集团经营船舶运力规模分别已达到全球综合类航运企业第一位和第二位。我国水运

① 2022年交通运输行业发展统计公报. https://www.gov.cn/lianbo/bumen/202306/content_6887539.htm[2023-06-21].

② 我国港口货物吞吐量和集装箱吞吐量连续多年位居世界第一. https://news.cnstock.com/news，bwkx-202309-5121330.htm[2023-09-12].

③ 2022年交通运输行业发展统计公报. https://www.gov.cn/lianbo/bumen/202306/content_6887539.htm[2023-06-21].

④ 至去年底，海运船队运力较10年前增长1倍 我国船队规模跃居世界第二. https://www.gov.cn/yaowen/liebiao/202307/content_6891246.htm[2023-07-12].

交通的规模和运力均位居世界前列，已形成较为完善的水路交通运输体系。在科技创新层面，随着近年来运输船舶少人化、谱系化和信息化发展，我国水运交通关键技术取得重要进展。其中，大型船舶的设计和建造技术处于世界一流水准，基础超大型船闸等通航建筑物的设计运行技术世界领先。我国已累计建成集装箱自动化码头10个，居世界首位，在自动化码头设计建造和港口机械设备制造等相关领域已积累了国际领先技术。但同时，我国水运网络设施仍存在内河国家高等级航道通达范围不足、高等级航道占比偏低和信息化程度不高等短板。

综合交通方面，面向交通强国国家重大战略，对标总体目标，亟待突破四大关键技术问题：亟待推动既有设施智能化改造升级和交通新型基础设施建设，健全完善信息共享机制，坚持电动化、网联化、智能化发展方向，积极推进构建各种交通工具信息互联、空间互补的综合交通新体系；亟待持续推动大数据、互联网、人工智能、区块链、超级计算等新技术与交通行业深度融合，提升区域综合交通网络协调运营与服务技术水平、城市综合交通协同管控技术水平，建立资源最优配置、各种交通工具有效衔接/集约共享的综合交通新模式；亟待面向城市群、都市圈，构建多层级、一体化的综合交通线网体系，提升综合交通运输协同运行水平、服务品质和主动安全保障能力；亟待多基枢纽协同、多交通模式融合，打造融合轨道、公路、水运、航空一体化的海、陆、空协同枢纽体系。

航空方面，航空领域长期缺乏系统的技术研发体系和充分的技术预研，对未来产品和新技术缺乏系统性、持续性的支持，造成基础技术储备不足；在前沿性、颠覆性技术研究方面研究成果难以有效转化应用，面临“型号缺技术、技术缺数据、数据缺验证”困境，造成原始创新能力较弱；大多数航空产品都是在参考借鉴国外的基础上进行研制的，基于市场分析的正向设计能力不足，造成航空产品体系研究、多学科优化、概念方案的快速原型化等与国外存在较大差距；缺乏整机集成验证平台，造成系统集成能力不足；我国航空发动机技术正处于由跟踪研仿向自主创新的转折期，技术能力和水平与国外相比尚存在差距，高可靠性压缩系统、高温升燃烧室、高性能涡轮等部件关键技术，以及仿真技术、结构完整性技术、轻质耐高温材料技术、数字化制造技术等共性技术急需提升技术成熟度，以支撑和推动在研和预研的先进航空发动机的发展；航空机载系统在技术能力、产品性能、研发模式上尚未以正向设计为导向，技术储备不足，航空机载系统行业长期依赖主机牵引，缺乏系统的综合设计能力，缺乏完整的复杂系统设计与评估工具链，缺少系统功能定义、分配与确认的能力与环境，难于以顶层需求为牵引进行需求逐级分解，难以实现系统的综合优化，缺乏对机电综合技术的基本原理、工作模式、故障机理、产品设计、标准规范、模型数据等持续的系统研究，导致技术水平不高；传统的故障维修技术已经很难有效地分析出隐患原因并进行针对性的处理，航材管理能力不足，飞机因没有备件而导致的停场已成为造成飞机故障延误的首因，且存在维修建设布局不合理、信息管理水平落后等现象。

汽车方面，对人工智能、前沿新材料领域核心技术掌握不到位，高端产品及关键材料、核心工艺等保障不足，关键零部件、核心工艺、高性能材料等的进口比例仍然很高。对新原理、新器件和新材料传感器的研发和产业化能力不足，核心传感器芯片、计算芯片方面与国外仍有一定差距，国产传感器在高精度、高敏感度分析，以及成分分析等领域与国外差距较大，成本居高不下，某些特殊用途、特殊量程的传感器在国内尚属空白，高端核心传感器严重依赖进口。工业软件发展相对落后，我国核心工业软件产业发展落后发达国家约20年，80%的工业软件被外企垄断（郭朝先等，2022）。数字化建模和仿真等基础研发软件和工程软件的国产替代仅处于起步阶段，与国外龙头差距较大。

水运方面，我国的智能航运系统发展已初显规模，但在集成度、兼容度上仍相对落后，没有建立统一的体系；在节能环保技术方面，内河运输船舶油耗比明显高于国外先进水平；海运船舶中的老旧船舶与新船相比，燃油单耗指标也明显偏高；能源消费过度依赖石油，清洁能源、可再生能源比重有待提升；节能环保型技术装备等一些重大共性和关键技术研究开发不够，水运交通节能环保科技水平与英、美、日等传统水运交通装备强国仍有较大差距。

第四章　中国机械与运载领域工程科技发展的战略构想

第一节　发 展 思 路

以支撑强国建设为导向，统筹制造强国战略、航天强国战略、海洋强国战略、交通强国战略发展目标，以自立自强、深化改革、开放协同、应用牵引为战略定位，着眼于满足经济社会发展和科技进步的重大需求，聚焦关键核心技术突破，强化基础研究与应用研究，通过跨领域协同攻关，推动制造、航天、海洋和交通领域的智能化、绿色化发展，实现技术自立自强和产业升级，抢占国际竞争制高点，支撑国家整体实力提升。在机械子领域，推进产业基础再造工程和重大技术装备攻关工程建设，以需求、问题、任务为导向，加强基础研究、应用基础研究和前沿技术研究，聚焦核心基础零部件、基础工艺、工业软件、质量技术基础等工业基础领域，统筹推进材料、制造、信息、工程跨领域、跨学科协同攻关，解决关键、共性技术难题；以智能制造为重点发展方向，全面形成新一代信息技术驱动的先进制造模式；提升我国自主创新能力，实现高水平科技自立自强，支撑制造强国、质量强国建设。在航天子领域，以产业规模化、探测深远化和装备智能化为发展思路，围绕低成本进出近地空间、有效利用地月空间和探索星际空间，从航天运输、卫星与应用、载人航天与深空探测、推进与能源、元器件与核心部件等五大领域推动体系化发展，坚持战略引领、协调发展、自主创新、开放融合、安全可控，强化先进系统和新技术的前瞻布局，重点突破制约我国航天水平跃升的关键瓶颈，加强颠覆性技术研究，加强航天技术与信息产业、高端装备制造等领域的交叉创新，加快推进天地一体化全产业链发展，全面掌握和提升空间技术与应用能力，提升航天产业的规模与效益，抢占航天科技和产业发展制高点。在海洋装备子领域，以满足开发利用深远海资源、发展海洋经济、应对海洋生态环境危机、维护国家海洋安全等战略需求为目的，围绕认识、开发、利用、保护海洋的主题，重点突破制约海洋装备工程科技发展的关键核心技术，提升海洋装备子领域科技创新和基础研究能力，带动海洋装备和产业转型升级，全面建成现代海洋产业体系，在国际海洋装备领域形成竞争新优势，成为世界海洋装备领域的技术、标准和装备引领者。在交通运输子领域，以提升综合交通运输的协同运行水平、服务品质和主动安全保障能力为主要目标，坚持“供需平衡、快捷舒适、协同服务、安全可靠、智能高效、绿色环保”指导原则，加强交通基础设施立体安全智能化布局，实现交通运载工具安全绿色智能化设计，加强航空、铁路、公路、水运等多种交通方式的互联互通，实现交通运行管控高效便捷智慧化创新，加快形成“安全、便捷、高效、绿色、经济”的综合交通运输体系，带动产业升级，形成交通运输子领域工程科技创新能力。

第二节 战略目标

一、2030年目标

到2030年，我国机械与运载领域将步入世界强国行列，自主创新能力大幅提升，关键技术与装备产业链实现基本自主可控，构建智能、绿色、安全的世界一流技术和产业体系。在机械子领域，制造业增加值位居世界第一，形成具有雄厚产业规模、良好质量效益、具有可持续发展能力的制造产业，绿色制造技术得到普遍应用；工业母机、工业机器人、农业机械等主要产品质量水平和安全指标达到国际先进水平和国家标准要求；发电与输变电装备、工程机械、钢铁、石油炼制等一批优势产业率先实现突破，高端数控机床与基础制造装备等一批战略必争产业取得重大进展，达到国际领先水平。在航天子领域，长征系列运载火箭实现全面更新换代；建成天地一体化信息网络，助力建设全球覆盖的空间物联网；基本完成新一代北斗系统建设，具备全球地表至低中高轨导航定位、功率增强及强抗干扰通信等能力；实施地外探测系列任务，初步具备地外天体资源开发与利用能力；控制系统具备跨域信息集成与运用能力，航天装备从单体智能向群体智能发展。航天科技与经济建设、社会生活深度融合，在国民经济中的份额和辐射带动作用明显。在海洋装备子领域，海洋能源实现规模化开发利用，深海资源开发关键装备和设备基本实现国产化，海上无人装备具备自主任务执行能力，海洋能源、资源环保安全开发的保障系统基本建成，初步实现在多类型深海矿产资源开发装备核心技术的系统性突破，实现关键技术研发向重大装备研制的过渡；基本实现海洋开发环保安全技术的自主化，形成以我国自主开发配套装备、风险防控管理、海洋数值模式为基础的海洋能源、资源环保安全开发保障系统。在交通运输子领域，全面实现一体化融合发展，智能化、绿色化取得显著成效。高速铁路网瓶颈路段基本消除，专业化、现代化公路、机场、港口等基础设施体系形成，新型基础设施实现数字化、智能化升级，基本完成交通枢纽场站、停车设施、公路服务区等区域充电设施设备全覆盖。实现基于5G、物联网、大数据、云计算、人工智能等技术的应用场景和产业生态试点示范，自动驾驶在港口、物流园区等限定区域完成测试应用，实现北斗系统对交通运输重点领域全覆盖。构建“车-路-交通管理”一体化协作的智能管理系统，建成新一代轨道交通移动通信和航空通信系统。综合交通运输系统基本形成“智能、平安、绿色、共享”格局。

二、2040年目标

到2040年，我国迈进制造强国、航天强国、海洋强国、交通强国阵营行列，核心技术、装备及供应链实现完全自主可控，重点产业技术及装备性能水平处于国际领先水平，形成一批具有一流国际竞争力的自主知识产权技术及装备生产企业。在机械子领域，产业迈向中高端，新一代智能制造（人工智能+制造）技术得到普遍应用，机械行业零部件及整机装备质量达到国际领先水平，更多优势产业处于国际领先水平；重点核心领域技术对外依存度降低至10%以下，基本实现自主可靠，形成一大批具有自主知识产权的国际知名品牌。在航天子领域，建成世界一流的航天技术体系和产品体系，掌握重大原始创新技术、跨越性工程和技术，运载火箭运载能力与性能水平世界一流，初步实现航班化运营；卫星完成全球覆盖泛在互联空间、国家综合定位导航授时等体系建设；完成空间安全环境全球监测与治理体系、载人登月和月球基地建设，具备载人火星探测能力，太阳系广域探测取得进展，初步建成地月空间经济区，太空旅游、资源开发与利用等太空产业蓬勃发展。在海洋装备子领域，全面建成深远海资源开发装备和技术体系，具备世界一流深海资源开发装备和技术能力；具备高效、智能和互联的新一代矿产资源精准勘探与环境监测装备研制能力，以及重装、协同、绿色的矿产资源开采装备关键技术研发和成套装备生产能力；建成完备的一体化总装建造和设备配套体系、面向全球服务的技术保障体系，建立具有一流国际竞争力的海洋装备专业化生产企业；海洋可再生能源开发装备实现规模化和产业化利用；形成以智能化装备为主的海上维权装备体系，具备智能化任务决策辅助和智能化任务执行能力；具备智能、环保、立体的从大洋到极地的陆海空天潜跨域协同的海洋观测技术，构建全球海洋实时网络化综合性观测技术体系。在交通运输子领域，实现全面现代化和智能化，构建高效、绿色、智能、安全的综合交通运输体系。基础设施网络实现全面覆盖、互联互通，形成陆海空天一体化的交通网络；交通运输科技创新取得重大突破，智能技术广泛应用，实现交通系统的智能化管理和服务；交通运输行业完成低碳转型，构建绿色交通出行方式；全面建成世界一流的现代化综合机场体系、空中交通管理体系、航空装备技术体系、航空运输服务体系和航空安全管理体系；建成多个世界级汽车产业集群和优势地域，引领全球汽车产业走向和主导市场发展趋势；轨道交通装备技术进入“无人区”，总体技术水平全球领先；高速磁浮批量运营，在我国主要大城市间形成高速磁悬浮交通网；高速飞行列车样车下线，基本具备工程化条件。智慧船舶的普及工作及其配套基础设施建设的升级工作基本完成，便捷顺畅、经济高效、绿色集约、智能先进、安全可靠的现代化高质量道路一体化综合交通网基本形成。

第三节　总 体 架 构

面向2040年的机械与运载领域工程科技发展总体架构，如图4-1所示。

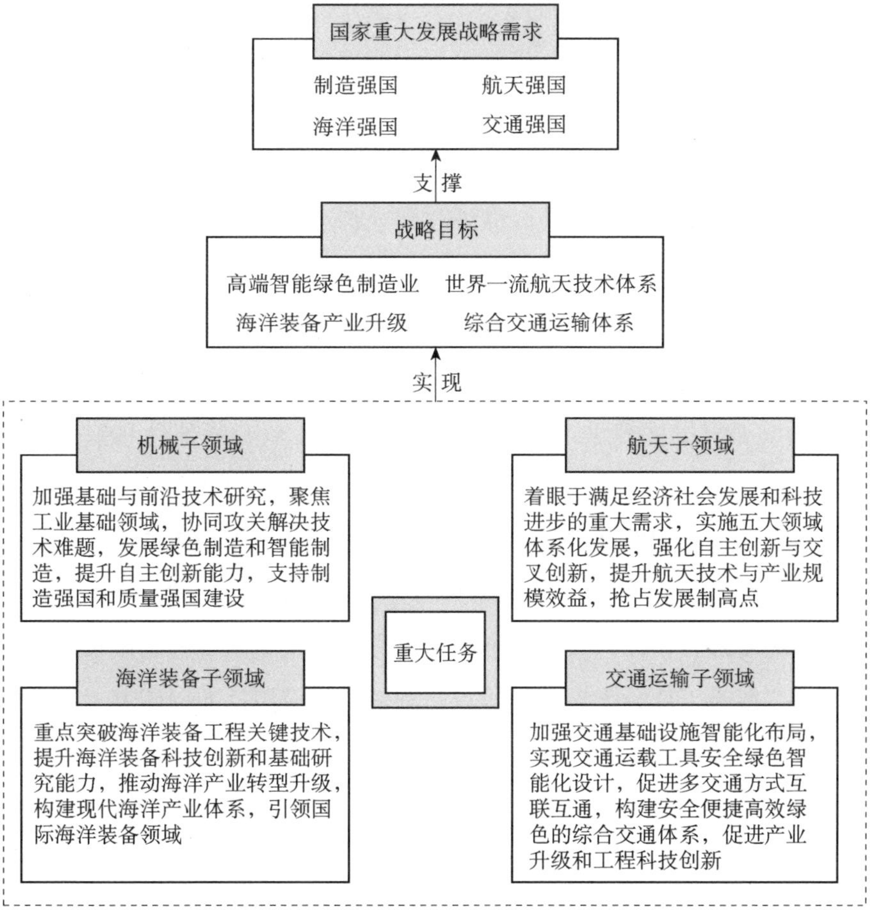

图4-1　面向2040年的机械与运载领域工程科技发展总体架构

1. 基础再造与前沿攻关并择，推动制造业高质量创新发展

以智能制造、极端制造、绿色制造为主攻方向，以推动机械制造创新设计为灵魂，以夯实机械制造共性技术、自主化核心零部件、先进基础材料为突破口，实施产业基础再造工程和重大技术装备攻关工程，加快形成机械制造稳定的创新体系，使之具有持续创新能力，推动我国制造业高端化、智能化、绿色化发展，提升我国优势产业和战略产业的全球竞争力，力促2040年我国机械子领域工程科技水平步入强国行列。针对关键核心基础零部件/元器件被国外垄断、先进基础工艺与国外差距大、专用工业软件严重依赖国外、质量技术基础处于中低端等“工业五基”①突出问题，聚焦基础零部件/元器件、成形控性制造工艺、先进流程制造工艺、专用工业软件及质量技术基础等重点方向，推进产业基础再造工程建设，实现产业基础高级化和产业链现代化。以设计正向化、制造智能化、性能高端化为目标，聚焦复杂系统设计与分析、高性能精密制造、微纳与电子制造、增材制造、精密与超精密测量等重点方向，突破贯穿系统设计、系统制造、系统集成全过程的关键共性技术、前沿引领技术、颠覆性技术，加快制造领域创新体系构建。围绕高端工业母机、石化装备、矿山和冶金装备、农业装备、高端医疗装备、先进电力装备、工程机械等重点领域，攻克重大装备核心零部件与整机系统集成、设计制造维护全寿命周期一体化等关键技术，巩固提升制造业全产业链优势，支持龙头企业做强做优，培育世界一流企业，推动装备制造业高质量发展。围绕智能制造主攻方向，继续推进制造领域与人工智能、大数据等数字技术的深度融合，深入实施智能制造工程，加快新型信息基础设施建设和应用，推广智能工厂、无人车间等智能制造场景应用；面向国家“双碳”目标，落实制造领域碳达峰碳中和实施方案，全面推行绿色制造，提高工业绿色低碳发展水平，支持传统制造业向数字化、网络化、智能化、绿色化转

① 工业五基是指核心基础零部件与元器件、基础材料、基础软件、先进基础工艺、产业技术基础。

型升级，实现产业链现代化。面向2040年的机械子领域工程科技发展总体架构，如图4-2所示。

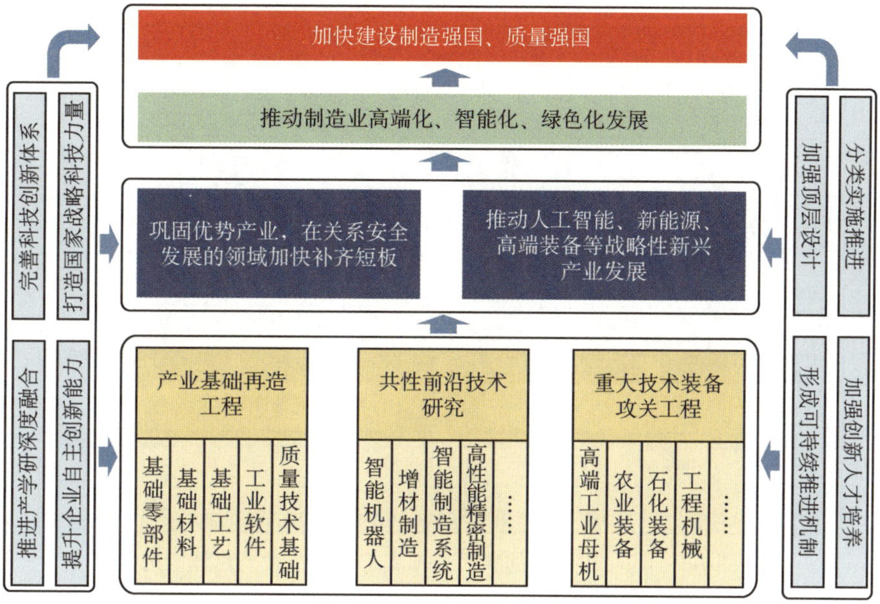

图4-2　面向2040年的机械子领域工程科技发展总体架构

2. 核心技术自主化与跨越工程推进并济，引领世界一流航天技术与产品体系

航天子领域重点从航天运输、卫星与应用、载人与深空三大方面布局，加快先进推进与能源技术研发，促进先进芯片与软件技术赋能核心部件，突破重复使用发动机、新概念运载器、空间高精度泛在定位、导航、授时、载人行星际飞行、超远距离深空探测等关键技术；加快建设全球快速运输系统、天地往返运输系统、空间转移运输系统、全球覆盖泛在互联的空间物联网、国家综合定位导航授时体系和空间安全环境全球监测与治理体系；支撑载人登月、载人火星探测、太阳系主要天体探测等航天工程实施，实现航天产业规模化、航天探索深远化、航天技术智能化发展。面向2040年的航天子领域工程科技发展总体架构，如图4-3所示。

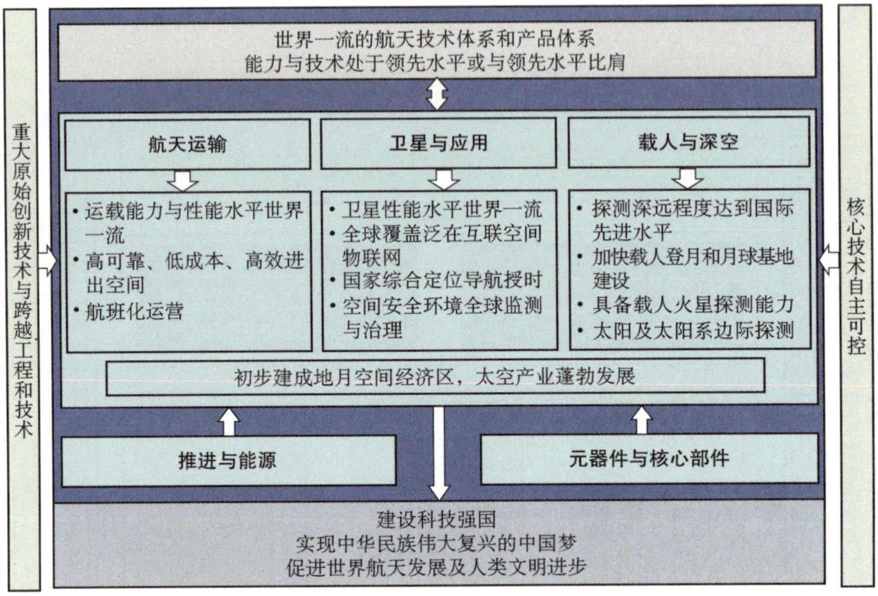

图4-3　面向2040年的航天子领域工程科技发展总体架构

3. 绿色智能理念与关键技术攻关并行，助力海洋装备产业升级

海洋装备子领域以“发展蓝色经济，建成海洋强国”为战略目标，瞄准深远海和极地开发，秉持绿色、智能、安全的理念，围绕海上可再生能源制氢与综合利用装备技术、船舶零碳混合动力技术、深海固体矿产开采装备技术、深海通信技术等关键和共性技术方向进行攻关，从极地与深海装备设计基础理论与方法、海洋装备实验精准观测与实海域实验技术、水下声学的控制与利用技术等方向夯实基础研究，设立绿色智能船舶工程、绿色海洋动力能源关键技术与装备等重大科技专项基金，提升总装建造生产效率及管理水平，掌握行业标准，并具备测试验证能力，带动产业升级并形成国际竞争优势。面向2040年的海洋装备子领域工程科技发展总体架构，如图4-4所示。

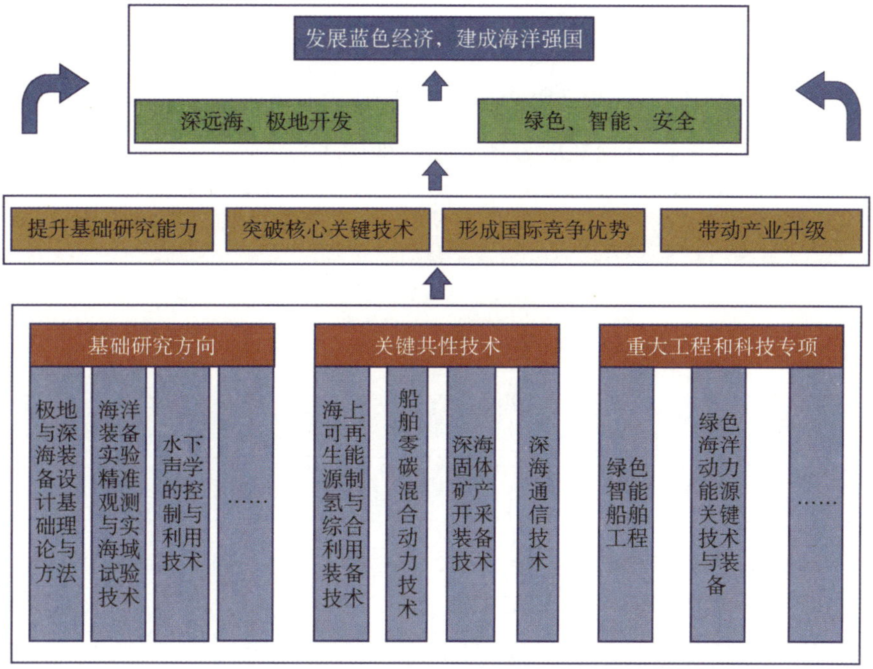

图4-4 面向2040年的海洋装备子领域工程科技发展总体架构

4. 便捷高效与智能安全并进，构建现代化综合交通体系

面向交通强国重大战略需求，按照“战略引领、问题导向、聚焦难点、突出重点”的总体思路，从运载工具、基础设施和运行管控等方面进行重点布局，形成便捷顺畅、经济高效、绿色集约、智能先进、安全可靠的现代化综合交通体系，加快构建“全国123出行交通圈”“全球123快货物流圈”。在运载工具方面，进行全寿命周期绿色低碳设计，加强人工智能、辅助驾驶等技术在运载工具中的创新应用，全面降低各类运输工具总体事故率，提升运载工具安全化、低碳化和智能化水平。在基础设施方面，加强综合交通通道与通信、能源、水利等基础设施统筹建设，打造立体化交通基础设施体系，突破全寿命周期维养及改造关键技术，建立基础设施全寿命安全评估与数字化运营保障体系，提升交通基础设施智能化设计和智能运维水平。在智能管控方面，发展适应未来多样化、超高速和多栖化交通导向的运输组织与服务技术，加强铁路、公路、民航、水运等多种交通方式的互联互通、协调

运行与智能服务，建立高效、便捷、智慧的交通运输智能管控体系，全面提升交通运输协同运行水平、服务品质和主动安全保障能力。面向2040年的交通运输子领域工程科技发展总体架构，如图4-5所示。

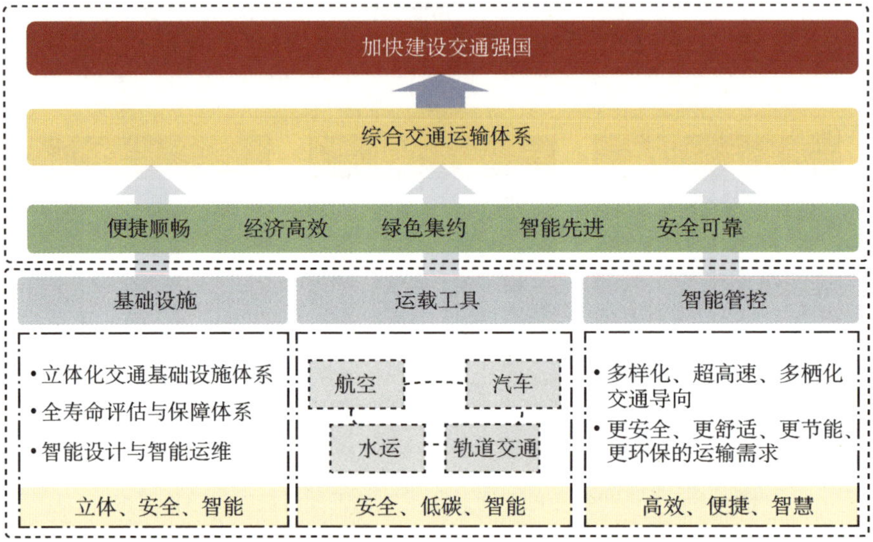

图4-5　面向2040年的交通运输子领域工程科技发展总体架构

第五章 中国机械与运载领域工程科技重点任务和发展路径

本章节根据机械与运载领域的发展特点，按照机械、航天、海洋装备、交通运输四个子领域的总体发展架构，面向2040年分别提出需要前瞻部署的重点任务，以及需突破的关键核心技术和装备。

第一节 重点任务

一、机械子领域

1. 构建智能制造系统，突破智能制造系统关键技术，搭建智能管控平台，形成行业解决方案

重点发展智能制造技术、智能制造系统集成技术、智能产线与智能工厂技术等。研究泛在感知、数据封装与建模、智能物联网的云边协同决策、数字孪生与智能调控等基础理论，突破智能制造系统关键技术，开发先进工业物联网设备及系统，构建智能管控平台，设备互联覆盖率达到95%以上，形成面向离散、流程、混流生产的解决方案。

2. 面向以高端光学元件为代表的高性能超精密制造需求，攻克高性能超精密制造共性关键技术，推动光学制造技术从高精度向高性能跃迁

满足以高端光学元件为代表的高性能超精密制造需求，重点攻克全频谱纳米/亚纳米级精度创成技术、近无缺陷高表面完整性加工技术、超精密机床正向设计与数据资源建构技术、超精密智能机床制造技术等四项共性关键

技术，推动光学制造技术从高精度向高性能跃迁。研发一批国内急需但未商品化或国外禁运的重大装备：4m 及以上口径光学元件毛坯制造基础装备、轻量化及超精密磨削装备、亚纳米级加工装备、超大口径光学元件超精密测量仪器。研发一批国内急需但国外禁运且具有先进性的重大装备：7m 及以上口径光学元件毛坯制造基础装备、轻量化及超精密磨削装备、原子级加工装备、超大口径光学元件超精密测量仪器、超大尺寸光学元件修复装备、航天器机载光学元件制造及修复装备。

3. 面向国家重大科学工程需求，研发智能机器人关键共性技术及多种机器人系统

研发智能机器人的核心零部件、专用传感器、专用芯片以及核心软件（如操作系统、功能软件）。针对工业机器人复杂任务作业与工艺多样化需求，开发协作、多臂、移动作业等新型机器人系统。面向国家重大科学工程运行与维护的智能化、无人化需求，研制出相关运行维护机器人系统。面向“科技养老”“智慧康复”需求，研制弱/失能老人生活辅助、增强人体功能的助老机器人、替代人体功能的高端智能假肢和恢复人体功能的典型康复机器人系统。面向重大基础设施与新基建建设需求，开发适应特殊服役环境的特种机器人。面向宇航探索和舱外作业等需求，开发微/弱重力环境下的空间探索机器人。面对各种复杂环境下高灵巧高智能运动与作业的挑战，开发高性能仿生机器人。

4. 面向深海、深空、深地探测及新能源领域需求，开发通用机械关键共性技术及重大装备

开发高参数材料及焊接热处理工艺、高端通用机械设计分析及成套设计软件、极端压力容器缺陷检测及评价技术、重型压力容器轻量化技术、密封技术及高效洁净排放技术等关键共性技术。研发深海工程通用装备关键基础零部件（元器件）、超高速泵和压缩机。研发深空探测用布雷顿热电转换系统及超高速压缩机等通用装备。研发深地探测用极端参数高端通用机械。开

发适应新工艺的油气勘探装备、炼油装备、乙烯及深加工装备、芳烃装备、煤化工装备、油气储运装备等石油化工装备。围绕新能源领域，研制与储氢、输氢、储运的氢能产业链密切相关的压力容器、压缩机、泵、阀、密封件等关键通用装备；开发适合于太阳能光热、4代高温气冷堆核电站和军用微型动力核堆的超临界二氧化碳循环成套装置，研制高效透平、压气机、微通道回热器及预冷器等装备。开展广义管网运送机械系统与真空管道胶囊高速运载机械系统研究，研发真空管道系统关键装备，包括真空泵、真空隔断阀门、管道补偿器等通用装备等。

5. 面向新能源汽车、航空航天、高技术船舶等领域，研发具备超高参数、极端条件的高端电机系统

面向新能源汽车、航空航天、高技术船舶等领域，确立基于新型电磁材料的电机设计准则，突破电机、变流与控制孤立设计的局限，开发高功率/转矩密度电机系统设计与优化技术。针对高速/超高速电机系统面临的技术难题开展研究，以超高速离心机、超高速空压机、飞轮储能、陀螺仪等高转速装备为对象，研究高速转子、磁悬浮轴承、气浮轴承等部件的制造工艺。面向产业升级对电机系统控制精度的要求，探索新型控制架构和算法、控制电路的功能布局，将人工智能算法与电机控制有机结合，研究多电机系统高精度协同控制方法。面对各种应用环境和运行工况对电机系统运行可靠性和适应性的要求，在设计阶段建立基于多源信息融合技术的电机系统寿命预测模型，在运行控制阶段建立快速高效的故障隔离机制和容错运行机制。

6. 面向军事、航空航天、现代医疗等重大应用需求，开展智能结构的3D、4D、5D增材制造技术研究

面向军事、航空航天、现代医疗等重大应用需求，构建空天装备的3D打印需求—设计—制造—应用的全生命周期制造体系、结构设计体系、专用新材料和配套核心装置和设备体系，建立太空装备的增材制造在轨制造与原位修复工艺体系，建立地外星体基地远程智能增材制造体系。面向军事、航

空领域的智能构件制造广阔应用前景，如单兵卫星通信天线、导弹发射自组装支架、太空天线等，开展智能结构4D打印技术研究，利用4D智能材料构造具有可控变形的结构体，开发具有新功能的创新智能材料，建立打印工艺参数对智能材料功能的影响模型，开展智能结构4D打印的功能评价和测试技术研究。面向现代医疗修复技术需求，开展生物增材制造5D打印技术研究，建立面向增材制造的活性组织与器官微观结构的仿生设计准则，突破多尺度、多细胞、多材料、多组织一体化生物增材制造技术，解决复杂活性器官多细胞体系与血管系统的共生融合难题，实现生物活性组织与器官的增材制造。

二、航天子领域

1. 构建体系完整、性能卓越、成本适宜的航天运输系统

研制能力更强、性能更优、可靠性更高、成本更低的航天运载器（包括重型运载火箭、新一代载人运载火箭、可重复使用运输系统、空间运输系统等），构建体系完整、性能卓越、成本适宜的航天运输系统，大力支撑我国各类航天活动，大幅提升我国进入空间、利用空间和探索空间的能力。

2. 建设全球覆盖、天地一体的国家空间基础设施

分阶段建设全球覆盖、天地一体的新一代国家空间基础设施以及在轨服务系统。分阶段建设技术先进、自主可控、布局合理、全球覆盖、服务国际的国家空间基础设施，注重与地面、航空、水下等信息感知、传输手段的融合，建立天地协同、快速响应、持续稳定的空间信息获取、传输、处理体系（包括天地一体化信息网络、全球高精度无缝实时信息感知网络、国家时空体系），大幅提升空间利用能力；分阶段完善在轨服务与维护系统，保障空间资产安全。

3. 建设全球服务、精准高效的空间信息服务体系和在轨服务与维护体系

分阶段建设全球服务、精准高效的空间信息服务体系。为有效衔接空间

基础设施与经济社会发展重大需求，应增强跨领域资源共享与空间信息服务能力，提升卫星整体效能和服务应用能力，建设多层次、多类型、高质量、稳定可靠、规模化的空间信息综合服务体系，提供精准、实时、无缝、泛在的智能信息服务。

4. 实施对火星、小行星、木星、太阳系边际及邻近恒星际空间物质特性探测，以及月球科研站建设和载人登月任务

逐步突破深空探测关键核心技术，遵循“由近到远、载人与无人结合、由探访到驻留”的思路，从火星探测开始，逐步完成小行星、木星等太阳系其他典型天体、太阳系边际及邻近恒星际空间物质特性探测，开展月球科研站建设和执行载人登月任务，实现我国航天技术新的跨越。

5. 加强新型动力技术研究，逐步突破地外空间动力能源一体化技术

加强以组合动力技术、核推进技术、爆震动力技术等为代表的新型动力技术攻关；通过空间动力、能源及生保系统之间的高效、紧密耦合，实现空间环境下高效物质封闭循环，有效提高空间能源利用效率，降低空间活动成本，提高空间活动能源供给可靠性，支撑未来月球基地、火星基地建设。

6. 构建宇航级先进芯片、软件与核心部件的自主可控产品体系，突破面向航天工程应用的量子信息和智能控制等软硬件核心技术

以航天需求为牵引，自主创新构建宇航级先进芯片、软件与核心部件的自主可控产品体系；面对深空探测面临的自主管理、超远距离通信、高精度探测等难题，突破以量子密钥、量子芯片、软件定义硬件、人工智能类脑芯片为核心的面向航天工程应用的量子信息和智能控制等软硬件核心技术。

三、海洋装备子领域

1. 打造绿色清洁、智能高效的海洋运载装备

加快绿色智能船舶技术研发应用。开发新型绿色船型，探索新型低/零

碳燃料（氢、氨、甲醇、生物燃料等）、可再生能源、电池电容推进的应用技术，加大绿色节能技术、零碳低碳燃料发动机以及配套的燃料储存和系统的研发力度；扎实推进智能船基础技术，研发新一代数控与智能动力与配套设备，发展船舶智能制造技术。

2. 建造全方位、宽领域的深远海资源开发装备

以加快实现3000米级浮式液化天然气装备的开发为目标，形成深远海开发装备研发及制造技术体系；初步形成我国深海技术产业链和装备研制生态链条，具备5000—6000米级深海域的采矿系统的研制能力。加快海洋可再生能源开发装备研制，结合海洋能、海上风电制氢和海洋牧场等领域，实现海洋资源综合利用与融合发展。

3. 构建立体多维、手段多样的海上无人维权装备体系

攻克海上无人系统基础信息网络支撑技术，构建多节点、多平台的海上无人维权系统；研究有人/无人协同技术、跨域无人智能协同技术，形成海上自主化一体协同任务能力；针对海上维权执法中情况处置需求，发展大型海洋无人平台与非致命性维权武器，提升针对国外海上力量的处置能力，形成具有震慑作用的系列武器装备；研究无人系统海上能源补给问题，提升海上无人装备在应对海上维权复杂的任务和环境方面的能力。

4. 形成谱系化、协同化的海洋科学装备体系

围绕全海深观测能力建设，突破耐压、功耗、导航、平台稳定性、传感器搭载能力等多方面限制，整体提升我国深海跨学科多平台协同组网实时观测能力；建立覆盖范围广、定位精度高、授时准确、军民两用的水下“北斗”网络系统，为全海域水下信息传输、水下导航以及水下协作提供信息传输纽带；开展海洋水下立体观测传感器装备的海上试验条件建设，建立长期、连续、实时、多学科、同步、综合的观测试验平台；推进极地科考船舶技术的发展，形成具备全极地领域科考、海洋大型水下探测装备布放回收、冰下潜器协同作业、船上深水钻探与冰区动力定位等功能的新型冰区科考船的设计与建造能力。

四、交通运输子领域

1. 加快建设智慧交通基础设施

进一步推进充电站、换电站、加氢站、综合能源补给站、路侧感知、路侧通信、云控平台、数字路网等智慧基础设施建设。提高充换电站技术水平、加氢站安全、路侧感知可靠性和实时性。实施基础设施的一体规划与协同调度、运载工具与基础设施的联合推广应用。

2. 研制超声速、高效能、低碳化的先进民用飞机

针对高速飞行、绿色环保等发展需要，开展超声速客机、高速旋翼机、新能源飞机等技术研究，提高可持续发展能力；以C919、C929大型客机，MA700支线飞机，AG600水陆两栖飞机，重型直升机等重大型号项目为重点，加大先进民用飞机研发和生产力度，实现系列化、规模化发展，满足执行航空运输、应急救援、航空作业等任务的需要。

3. 构建车路一体智能网联交通系统

深化交通系统车-路-网耦合与衍化机理、人-车-路-环境协调运行、泛在网联和车路网协同本质安全理论等基础研究，突破道路交通系统高效、智能、便捷、安全运行与控制等关键技术，构建混合交通协同运行中国范式和车路一体智能网联交通系统中国标准。

4. 建设综合交通运输智能系统

研究综合交通系统供需耦合机制、交通要素交互作用规律，以及综合交通运输集约高效、绿色智能协同运行体系，攻克综合立体交通网络协同设计、综合交通大数据应用、协同运行与智能管控、大型交通枢纽高效运行、联程运输智能服务、物流全网全链协同优化、先进的交通信息基础设施等关键技术，构建以城市群、都市圈便捷出行为特色的综合立体交通智能系统。

第二节　发展路线图

本节基于我国国情科学评估和选择工程科技发展路径，针对机械、航

天、海洋装备、交通运输四个子领域，按照面向强国发展的工程科技需求、重点任务、重大工程和重大科技项目的逻辑路径，提出面向2040年的机械与运载领域工程科技发展路线图。

一、机械子领域

面向制造强国、质量强国战略需求，积极应对国内外发展环境的复杂深刻变化，实施产业基础再造工程和重大技术装备攻关工程，提升产业链、供应链韧性和安全水平，推动制造业高端化、智能化、绿色化发展。到2025年补齐工业基础相关短板，初步解决产业基础薄弱问题；到2030年技术创新能力显著增强；到2040年工程科技水平步入强国行列。

夯实工业基础，解决基础零部件/元器件、成形控性制造工艺、先进流程制造工艺、专用工业软件、质量技术基础等存在的“卡脖子”和短板问题。进行关键技术攻关，研发核废料安全中间存储（100年寿命）、高效反应分离、高放废液固化等核废料安全处置技术装备；开发复杂零件自适应变刚度超精密加工技术实现复杂曲面/结构、微小特征单元及软脆/硬脆难加工材料的低损伤、高效率、高自适应性加工。开展关键共性技术攻关，开发超精密功能器件全工艺链制造技术，形成迭代的智能优化设计技术，完成对加工工艺指标、特征匹配、控形控性组装等的一体化综合分配，并匹配相应的最优检测手段，在完成对功能器件全工艺链智能优化循环的基础上，逐步提高超精密部件的性能；开发深海工程通用装备关键基础零部件（元器件）、超高速泵和压缩机；开发深空探测用布雷顿热电转换系统及超高速压缩机等通用装备；开发深地探测用极端参数高端通用机械。进行颠覆性技术攻关，开发广义管网运送机械系统与真空管道胶囊高速运载机械系统，利用管网快速、安全输送物体（不仅限于油气），满足飞行列车目标速度的大型真空管道系统及配套装备、高效散热系统需求；实现新型生物-机电复合机构构型与驱动，研究仿生智能传感和控制一体化设计、理论和技术方法；研究人-机和机-机交互新机制和实现技术；研发生机融合的类生命驱动、类生命视觉本征感知和类生命智能控制功能单元。

围绕重大工程，开展关节型高品质工业机器人产品与系统研发工作，突破关节型工业机器人性能的关键共性技术，实现关键核心技术、核心部件、产业链自主可控，彻底结束国家重点行业国产关节型工业机器人高端应用被国外品牌垄断的局面。实施氢能储运产业关键核心技术攻关工程，开发70MPa级Ⅳ型瓶、52MPa储氢管束集装箱等，开发深冷-高压（–240℃/35MPa）气瓶、高压-固态（35MPa）气瓶等复合储氢装备等，以及高性能压缩机、液氢泵、加氢机等，氢能储运产业关键核心技术获得全面突破，形成基于自主创新的氢能储运产业体系。

围绕重大工程科技专项，开展空天装备增材制造重大工程科技专项建设，开发适合太空3D打印的专有材料体系，研制太空3D打印专用设备，实现太空超大型装备的在轨制造与原位修复，实现地面大型装备的太空制造突破性发展，形成面向空天装备增材制造用的新型材料基因组谱，采用“就地取材”方式开展地外星体基地远程智能增材制造，促进地外星体基地的建设。开展生物活性组织与器官增材制造重大工程科技专项建设，实现生物增材制造装备的专业化与技术跨代提升，突破多尺度、多细胞、多材料、多组织一体化生物增材制造技术瓶颈，解决复杂活性器官多细胞体系与血管系统的共生融合难题，支持脑科学发展，如打印脑组织、构建体外脑组织模型，向类脑计算机方向发展，向体内生物增材制造方向发展，从而实现与人体宿主组织的完美融合，提升组织修复功能。

深入推进制造业智能化升级工程建设，新一代智能制造（人工智能+制造）技术在全国得到大规模推广应用，我国智能制造技术和应用水平将走在世界前列，实现中国制造业的智能升级。面向国家“双碳”目标，积极发展太阳能、风能、核能、氢能等新能源产业，加强储能和智能电网技术及装备研发，推动先进适用重大低碳技术在重点行业示范推广，推动绿色制造标准体系建设。集中优势资源，锻长板和补短板相结合，构建技术先进、产业链上下游紧密协同、供应链集约高效、具有国际竞争力的世界领先产业和产业集群。

面向2040年的机械子领域工程科技发展路线图，如图5-1所示。

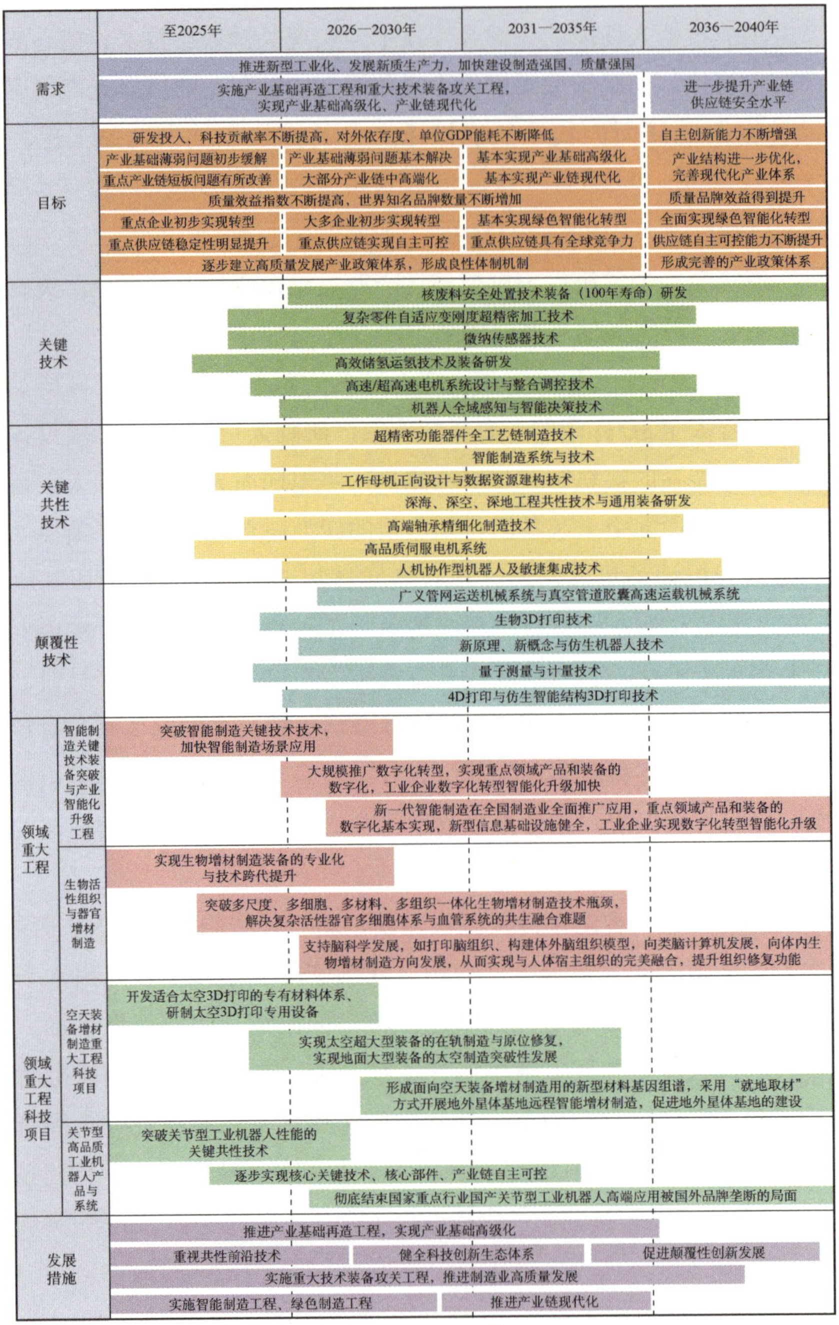

图5-1　面向2040年的机械子领域工程科技发展路线图

二、航天子领域

围绕建设航天强国，满足经济建设、科技发展、国家安全和社会进步等需求，立足我国发展基础，建成世界一流的航天技术体系和产品体系，能力与技术处于领先水平或与领先水平比肩，掌握重大原始创新技术、跨越性工程和技术，核心技术自主可控。

面向2040年中国航天工程科技发展目标，航天子领域重点发展任务包括：构建体系完整、性能卓越、成本适宜的航天运输系统；建设全球覆盖、天地一体的国家空间基础设施；建设全球服务、精准高效的空间信息服务体系和在轨服务与维护体系；执行火星、小行星、木星、太阳系边际及邻近恒星际空间物质特性探测，以及月球科研站建设和载人登月任务；加强新型动力技术研究，逐步突破地外空间动力能源一体化技术；构建宇航级先进芯片、软件与核心部件的自主可控产品体系，突破面向航天工程应用的量子信息和智能控制等软硬件核心技术。重点研究以低成本全球快速运输总体设计技术、大推力火箭发动机等为代表的7项关键技术，解决以大规模火箭动力快速运输设计理论与方法研究等为代表的基础研究问题。规划布局航班化航天运输系统，实施全球覆盖、泛在互联的空间物联网工程，以及载人月球探测等航天子领域重大工程。实施推进新一代运载火箭性能提升优化重大基础研究专项、太赫兹云探测雷达卫星系统、太阳立体探测等重大工程。

为了达到预期目标，需要快速充实航天战略科技力量，加大基础研究力度，加强基于全国产材料、软件、设备的航天专用集成电路与惯性器件制造能力建设。采用军民商结合的方式，形成稳定持续的投入机制，快速形成航天工程能力。

面向2040年的航天子领域工程科技发展路线图，如图5-2所示。

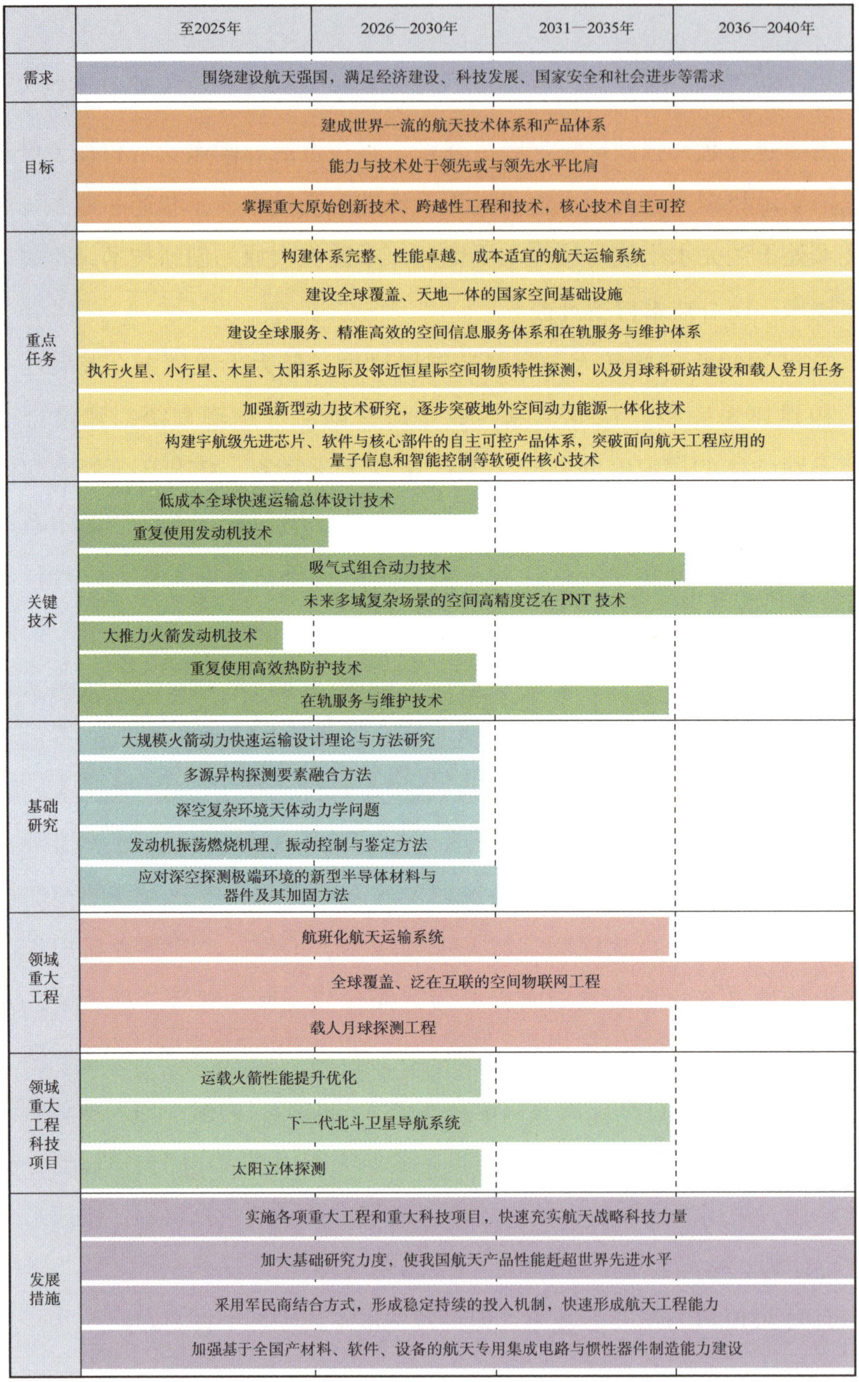

图5-2　面向2040年的航天子领域工程科技发展路线图

三、海洋装备子领域

面向2040年，海洋装备子领域工程科技要围绕海洋装备产业高端和关键装备技术、海洋资源全方位开发利用、海洋安全保障、绿色化智能化水平等方面的战略需求，从关键技术、基础研究到重大工程应用示范进行全链条设计和前瞻性部署，着重培育战略性新兴产业生长点，推动蓝色经济（blue economy）的发展和海洋强国的建设。

应对未来的发展需求，海洋装备子领域未来两个阶段的发展目标是：到2030年，攻克一批海洋装备发展急需的关键技术，研发一批配套设备，大幅度提升我国海洋装备工程科技的创新能力，初步形成相对完善的前瞻性海洋装备自主研发设计体系、一体化总装建造和设备配套体系、面向全球服务的技术保障体系；到2040年，海洋装备关键系统和配套设备自动化程度及科技水平获得大幅度提升，建立若干具有一流国际竞争力的海洋装备专业化生产企业，建立完备的一体化总装建造和设备配套体系、面向全球服务的技术保障体系，总体达到国际先进水平。

为实现上述目标，海洋装备子领域的核心发展路径是以基础研究和关键技术为支撑，构建绿色清洁、智能高效的海洋运载装备体系，形成全方位、宽领域的深远海资源开发装备体系，构建立体多维、手段多样的海上无人维权装备体系，形成谱系化、协同化的海洋科学装备体系。

为保障和推进海洋装备子领域工程科技重点任务的实施，应进一步完善海洋装备科技创新体系、健全海洋装备产业链、推进绿色船舶体系建设。

面向2040年的海洋装备子领域工程科技发展路线图，如图5-3所示。

四、交通运输子领域

面向2040年，交通运输子领域工程科技面向交通强国建设的战略需求，瞄准网联化、智能化、协同化的发展方向，从关键技术、基础研究到重大工程应用示范实施全链条设计和前瞻部署策略，推动交通运输行业的发展和交通强国的建设。

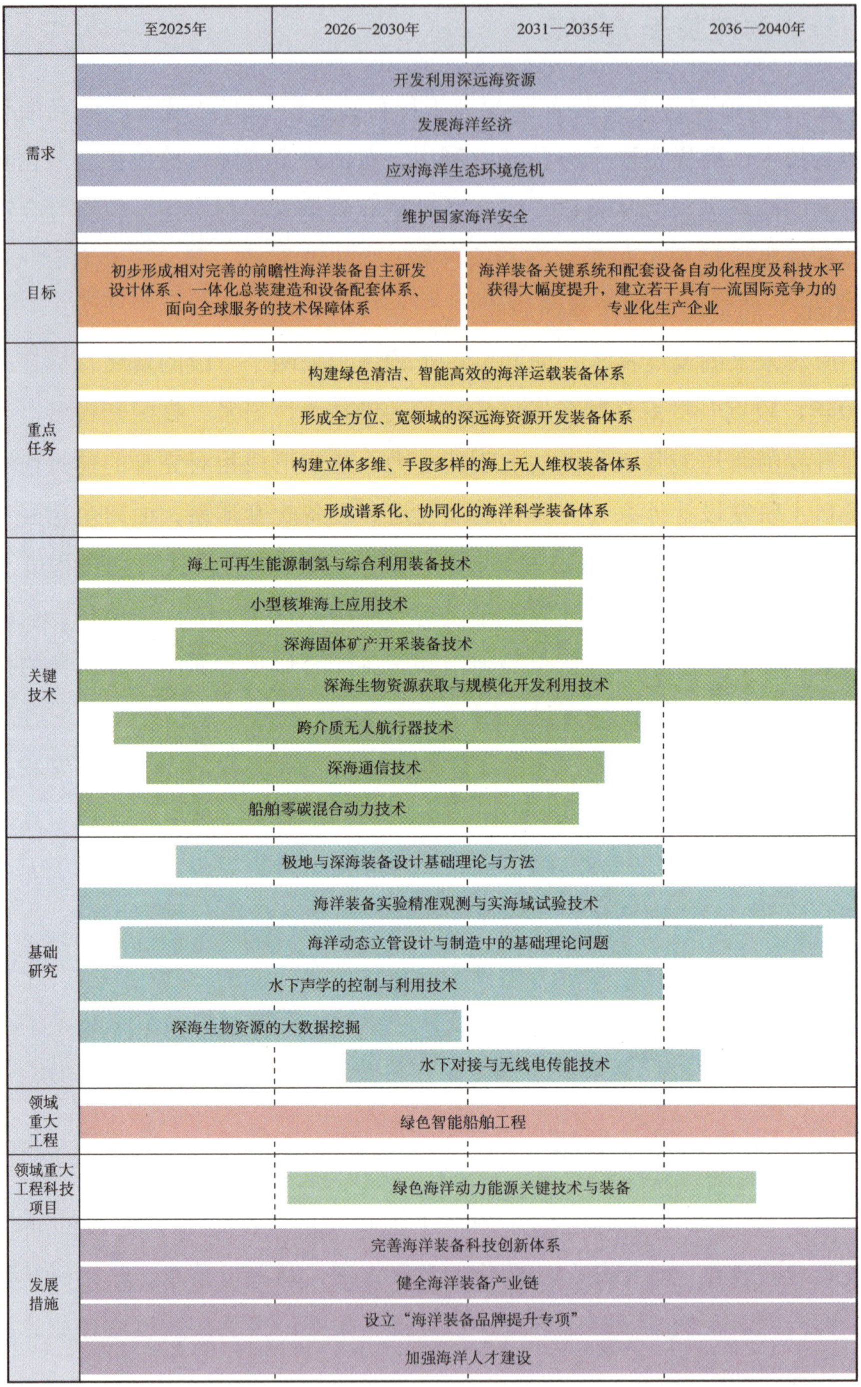

图5-3 面向2040年的海洋装备子领域工程科技发展路线图

为应对未来的发展需求，交通领域未来两个阶段的发展目标是：到2030年，航空科技具备自主创新能力、新能源汽车产业链完备可控、轨道交通装备等一系列产品具备国际竞争力、综合交通运输系统初步形成“智能、平安、绿色、共享”格局。到2040年，航空运输体系达到世界一流水平，汽车领域建成多个世界级产业集群，轨道交通装备总体技术全球领先，现代化高质量道路一体化综合交通网满足“便捷顺畅、经济高效、绿色集约、智能先进、安全可靠”的要求。

重点部署以下任务：①加快建设智慧交通基础设施；②研制超声速、高效能、低碳化的先进民用飞机；③构建车路一体智能网联交通系统；④开发智慧水运技术；⑤建设综合交通运输智能系统。

为保障和推进交通运输子领域工程科技重点任务的实施，应进一步完善交通运输科技创新体系，攻克新一代空管技术、综合交通大数据多元感知与实时协同处理技术、协同式无人驾驶与运行优化技术等一系列关键技术；开展以氢能飞机基础科学问题、新概念载运平台、多模式轨道交通一体化综合枢纽智慧服务理论等为代表的基础研究；实施新能源飞机、超声速客机、零碳与车路云网一体化、智慧航行技术与智慧船舶技术融合示范工程等一批重大工程；建设新一代空管技术攻关工程，实施全复合材料发动机及零碳、无人与多栖汽车重大科技专项等重大工程科技项目。

为了实现预期目标，需要打造开源开放社区，围绕新一代人工智能、芯片和工业软件构建开源开放技术生态，大力推进建设基于互联网大规模协作的开放式双创平台，实现双创人才、资本与产业的集聚，支持龙头企业和平台型企业培育协同创新生态。

面向2040年的交通运输子领域工程科技发展路线图，如图5-4所示。

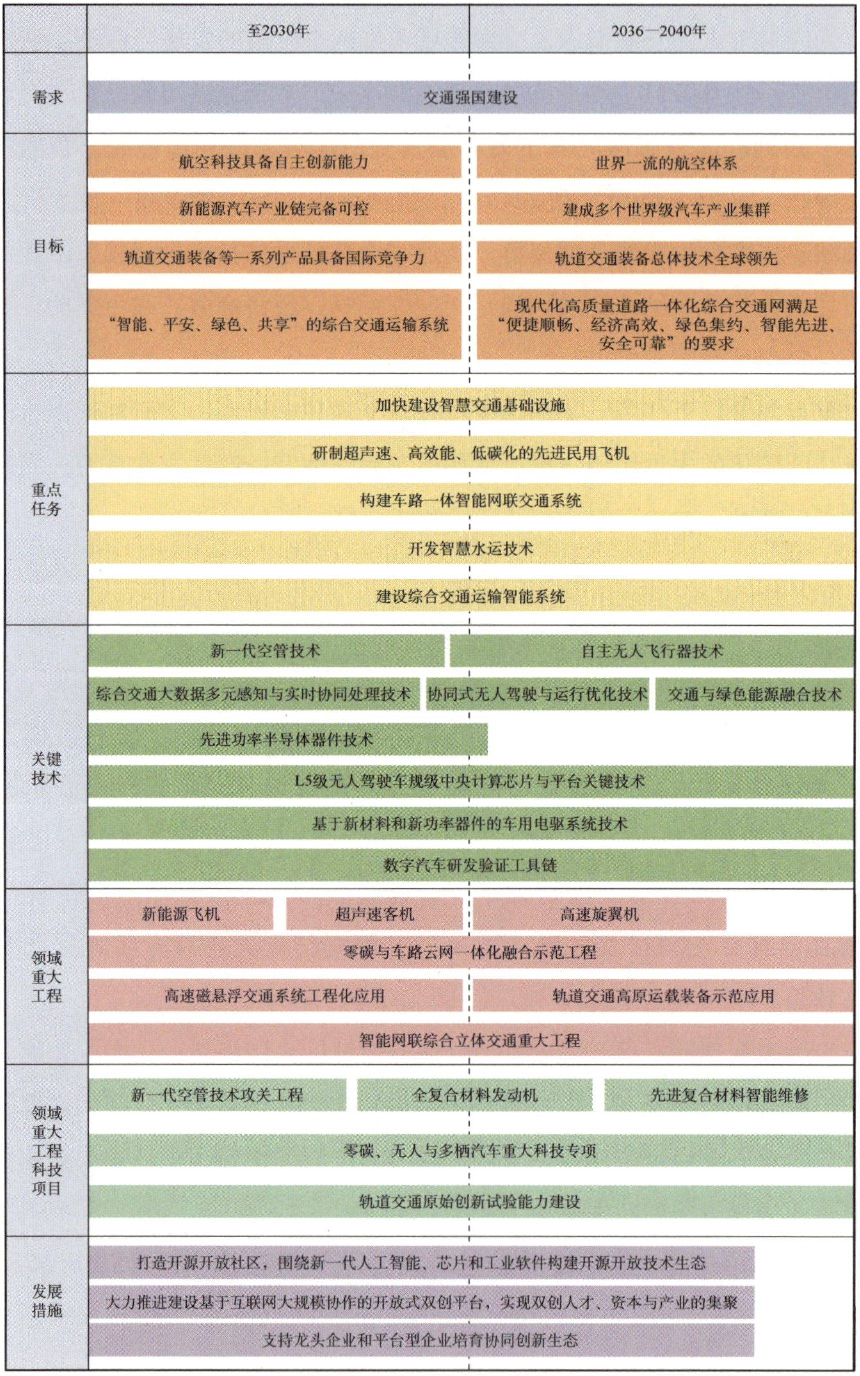

图5-4　面向2040年的交通运输子领域工程科技发展路线图

第六章　机械与运载领域重大工程建议

本章基于机械与运载领域工程科技能力评估结果，面向工程科技支撑经济社会发展、保障产业链安全、国家战略安全的要求，结合全球化发展和逆全球化形势判断，从工程实施的复杂性、异质性和未知性等方面，重点考虑成果的标志性、示范性、应用性，提出面向2040年机械与运载领域重大工程建议（表6-1）。

表 6-1　面向 2040 年的机械与运载领域重大工程建议

序号	名称
1	智能制造关键技术装备突破与产业智能化升级工程
2	航班化航天运输系统
3	全球覆盖、泛在互联的空间物联网工程
4	载人月球探测工程
5	绿色智能船舶工程
6	新能源飞机
7	超声速客机
8	高速旋翼机
9	零碳与车路云网一体化融合示范工程
10	高速磁浮交通系统工程化应用
11	轨道交通高原运载装备示范应用
12	智能网联综合立体交通重大工程

第一节　智能制造关键技术装备突破与产业智能化升级工程

以智能制造为主攻方向，促进制造业智能化升级，加快制造强国建设，是推进新型工业化、实现高质量发展的重要任务。实施智能制造关键技术装备突破与产业智能化升级重大工程，突破智能制造共性技术与关键装备，推进重点领域制造产业智能化升级，有利于提高产业链供给体系质量，推动制造业质量变革，推动制造业由模仿型、排浪式消费阶段进入个性化、多样化、高端化消费阶段；有利于优化升级要素结构，推动制造业效率变革，推动劳动力、资本、土地等传统生产要素粗放式扩张模式转变为数据、信息、知识等新型效率型生产要素模式，显著提升制造业效率；有利于构建创新生态系统，推动制造业动力变革，创新活动将不断突破地域、组织、技术的界限，需产学研用全产业链协作，构建网络化协同创新机制。

到2030年，大规模推广数字化转型，实现智能农机装备、智能医疗装备、智能能源装备等部分重点领域产品和装备的数字化，工业互联网、5G等新型信息基础设施基本完善，工业企业数字化转型智能化升级加快。到2040年，新一代智能制造在全国制造业全面推广应用，重点领域产品和装备的数字化基本实现，新型信息基础设施健全，工业企业实现数字化转型和智能化升级。

主要工程任务包括：突破关键智能制造装备、核心工业软件，支持智能制造关键技术试验验证平台建设；加快智能制造场景应用、工厂建设，支持产品研发、试验、制造、服务的总体智能化改造；支持产业链从材料、零部件到整机的配套智能化改造；鼓励优势地区集中要素资源开展大规模工业领域智能化改造，打造智能制造先导区。

第二节　航班化航天运输系统

航班化航天运输含全球快速运输、地面与轨道间运输以及轨道与轨道间运输，采用定期定线路的航班化运营模式，具有可靠、安全、经济、便捷、舒适、环保的基本特点，能够满足未来大规模进出空间、探索空间和开发空间的任务需求，促进航天产业的发展（包为民和汪小卫，2021）。航班化航天运输系统，如图6-1所示。

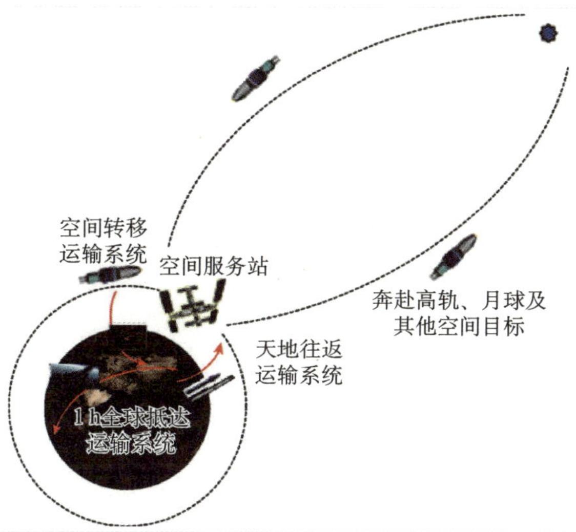

图6-1　航班化航天运输系统

当前，世界航天已经进入以大规模互联网星座建设、空间资源开发、载人月球探测和大规模深空探测为代表的新阶段，对航天运输系统提出了更高要求。像飞机一样实现航班化运营，是革命性提升航天运输系统能力的重要途径。发展航班化航天运输能够满足未来人民对美好生活向往的需求，能够满足未来大规模探索与开发太空的需求，能够满足我国航天运输系统“从全到强”的历史跨越，能够带动我国国防、科技、经济全方位发展。

航班化运输系统已成为航天运输系统的重要发展目标，以美国为代表的世界主要航天国家正在持续向航班化运输迈进。站在新的历史节点上，我国应抓住机遇，构建航班化的航天运输系统，迎接航天运输发展的新时代，抢占太空制高点。

2025年前，开展技术验证飞行试验，突破关键技术，形成试验试用系统。2035年前，初步建成航班化航天运输系统。航班化运营的单运载器最大运载能力达百吨级，具备年总飞行数百次、总货运千吨级、总客运千人次的能力。飞行可靠性达到0.995，重复使用次数达到50—100次，单位载荷发射成本下降50%以上，周转时间不大于1周。2045年前，全面建成航班化航天运输系统，具备年总飞行次数达千次量级、总货运万吨级、总客运万人次的能力。飞行可靠性达到0.999，重复使用次数100次以上，单位载荷发射成本降低1—2个量级，周转时间12h。

主要工程任务包括：实现全球点对点快速运输、地面与轨道间以及轨道与轨道间航班化运输。形成体系化能力和规模化产业，总体性能水平达到世界一流水平，全面建成我国航班化航天运输系统，满足我国执行航天重大任务和商业化运营需求。

第三节　全球覆盖、泛在互联的空间物联网工程

从全球乃至深空等更加宏观的视角来看，物联对象、物联场景、物联目标将驱动人类未来物联网向更为广阔的空间发展。通过天基系统实现物联信息的跨域采集、大尺度传输和快速响应，与地面物联网实现有机融合、终端同类、标准统一、服务相同的空间物联网将是物联网重要的组成部分。全球覆盖、泛在互联的空间物联网将充分利用天基节点的各类优势，将复杂环境下的各类应用终端融合互通，形成涵盖陆、海、空、天的智能全域网络和信息服务体系。全球覆盖、泛在互联的空间物联网将通过天基综合节点网、空基接入节点网以及地基获取节点网的建设，实现空、天、地、海大范围内人与人、物与物、人与物的“全面感知、泛在互联、智能处理”，为各类物联终端提供安全可靠、自主可控、随需而至的信息获取与广播服务、智能自主管理和操作、广域信息采集与数据融合，形成“引领需求、管理信息、设计服务”三位一体的信息服务体系。智能化空间物联网概念示意图，如图6-2所示。

2026年前后，突破分布式计算、智能网络环境预测技术、综合网络安全、人工智能等技术，以完成“天地一体化信息网络”建设为标志，实现总体目标，为建成全球覆盖、泛在互联的空间物联网工程打下基础。2040年左右，建成全球覆盖、泛在互联的空间物联网，实现天基、空基、地基互联互

通，为空中、海洋、空间等各类物联网终端提供安全可靠、自主可控、随需而至的信息获取与传输服务、智能自主管理和操作、广域信息采集与数据融合，搭建“引领需求、管理信息、设计服务”三位一体的信息服务体系。实现信息获取、信息存储、信息传输和信息挖掘的跨域多层次自主融合与云处理，为海上、地面、空中、空间各类应用终端提供全域无缝覆盖、全维均衡服务和全元数据融合的网络信息服务，形成新一代信息服务体系。

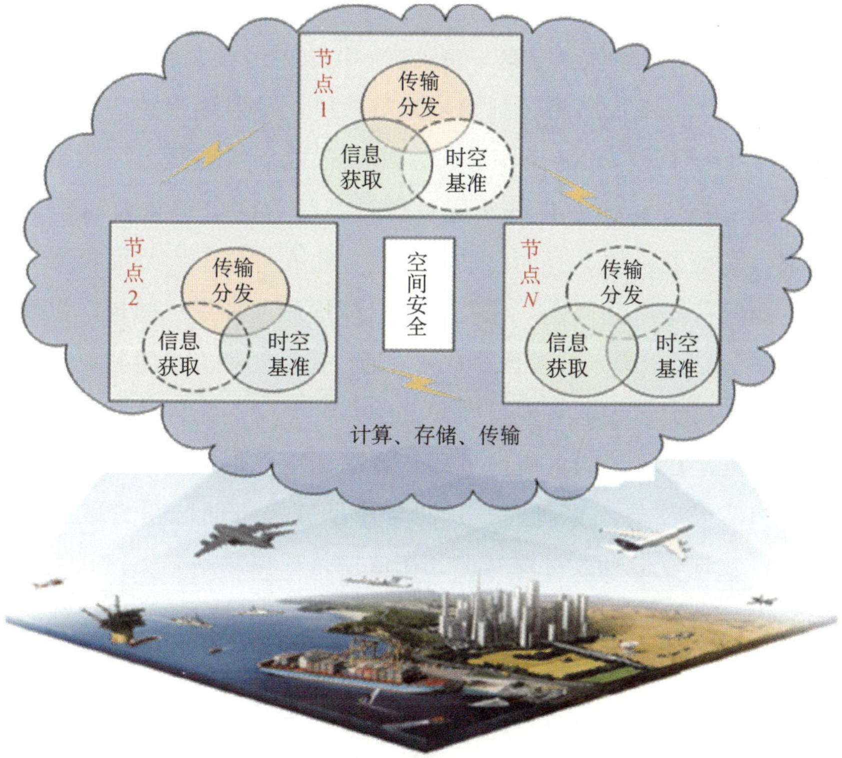

图6-2　智能化空间物联网概念示意图

该工程将充分利用天基节点的优势，将复杂环境下的各类应用终端融合互通，形成涵盖陆、海、空、天的智能全域网络和信息服务体系。工程包含特高频（ultrahigh frequency，UHF）波段、L波段、S波段、Ku波段、Ka波段乃至更高频段，满足军民应用需求。

第四节　载人月球探测工程

载人登月是航天强国建设的标志性工程之一。实施载人月球探测工程，有利于提升我国综合国力，实现我国航天技术跨越式发展，跻身国际领先行列。

2025年前，完成载人月球探测关键技术攻关、方案深化论证以及飞行验证。确定载人月球探测总体方案，完成新一代载人运载火箭、新一代载人飞船、月面着陆器等飞行产品研制和航天员系统、发射场系统、测控通信系统、着陆场系统等设施设备研制建设，2025年前后实现载人环月飞行，在关键区域浅层精细结构、月球浅层资源分布等方面取得重要科学成果。2030年前，完成登月服、月面移动实验室、载人月球车、月面机器人、月球科学探测载荷等产品研制，进行载人月球探测前期飞行验证，以及月面着陆区勘探，实现中国人首次登陆月球。通过建立短期有人照料、长期无人运行的月面移动实验室，实现月面大范围科学考察。完成月面多类型、多层次样品采集，在月球的大碰撞过程、月球构造与形成、月球岩浆活动与热历史、月尘特性与危害研究、月面资源勘查等方面取得突破性成果。2035年前，实现建造有人月球基地。在前期月球探测基础上，攻克月面原位资源利用、高效能源、月面长期生存、先进生保等关键技术，建造月球科研试验站。

21世纪中叶，持续开展月球开发与科考，为载人深空探测提供支撑。将月球基地建设成为科学实验、资源开发利用以及人在地外天体具备长期生存能力的综合平台。建造支持月球探测和深空探测任务的载人月球轨道空间站，进行系统、连续的月球科学与应用实验研究和相关技术试验验证。持续开展月球形成机制、月球核幔壳分异、月球撞击与火山活动历史、月球构造与演化等固体月球前沿科学研究，以及地月空间环境和低重力物理等月基实验研究，取得重大进展。在月球生命长期生存、月面资源利用等方面取得一批突破性成果，逐步实现人在月面的长期生存和月球资源的开发与利用，为载人探索更加遥远的深空奠定基础。

主要工程任务包括：实现中国人首次登陆月球；建立月面移动实验室，实现月面大范围科学考察；在攻克重大关键技术之后，建成月球科研试验站与有人月球基地，系统持续开展科学考察、月球资源开发及相关技术试验。

第五节 绿色智能船舶工程

国际社会和国际海事组织对航运碳减排的高要求推动船舶绿色化转型发展加速，世界新一轮科技革命促进新技术与船舶工业的深度融合，绿色化、智能化成为未来船舶竞争的制高点。全球船舶智能化和绿色化仍处于发展早期，我国船舶行业处于转型升级和实现高质量发展的重要机遇期，亟待加快推动绿色智能船舶工程建设，以绿色技术和智能技术的实现牵引船舶装备及制造业的更新换代和可持续发展，不断推出引领全球的更安全、更经济、更高效、更环保的船型，满足我国海洋资源开发、海洋经济发展、海上航运交通、海洋国防安全、海洋环境保护等多方面重大需求。

到2040年，标准化、系列化绿色智能船型实现自主建造，配套基础设施、运营管理、商业模式等产业生态基本完善，自主可控的低碳智能船舶技术创新体系和产业链融合的低碳智能船舶生态体系基本建成。打造一批精品绿色船型，绿色船舶设计、建造、营运技术达到国际先进水平，实现船岸数据无缝连接，船舶高度自主船舶技术成熟，具备部分场景自主航行能力，实现船舶高安全、低能耗，具备减少船舶配员的硬件条件，建立基础的智能系统全产业链并具备自主供应能力，自主配套率达到80%以上。

主要工程任务包括：加快新型节能减排技术、低温货物围护系统研发，形成甲醇、氢、氨等多种替代燃料船型，以及装备碳捕集系统的常规燃料船型，推动绿色智能技术在船舶全生命周期的应用。结合大数据应用，攻克智能船舶感知系统、执行系统和“超级大脑”等关键技术，深化无人船的研究，建成若干示范性智能技术试验场，实现多场景下覆盖多级别智能船的测试验证。通过加快船舶绿色智能转型和高质量发展，逐步降低经济增长对传统能源的依赖程度，减少经济增长的能源成本和环境成本，在创造新的产值的同时拉动相关产业发展，从而推动经济的可持续增长，为制造强国、造船强国、交通强国建设提供有力支撑。

第六节　新能源飞机

新能源飞机是航空产业新一轮科技革命和产业变革的重要发展方向，是响应全球航空运输业绿色低碳升级的迫切需要，也是实现航空制造业高质量发展的必然选择。新能源飞机的推广和应用可以实现全生命周期的零碳排放，将航空运输业对环境的影响降到最低，同时降低航空运输的成本，提高航空运输的安全性和环境友好性，满足人们日益增长的出行需求。此外，发展新能源飞机可以促进航空工业的技术创新和产业升级，提升飞机的性能和效率，推动新型材料、新工艺、新技术的研究和应用，促进相关产业的发展。因此，开展新能源飞机研究和应用已经迫在眉睫，是促进我国未来航空产业高质量发展的必然选择。

2025年前，完成锂电池、电动机、储氢系统、氢燃料电池等适用于支线及以下量级新能源飞机的关键核心技术研究，形成电动垂直起降飞行器制造产业链并实现试点运营，完成氢燃料电池涡桨支线飞机试飞验证，完成氢涡轮干线飞机技术可行性论证；攻克氢燃料生产、储运、加注等配套技术，初步建立从生产基地到机场的完整氢燃料运输网络和基础设施体系。2035年前，形成电动飞机和氢动力支线飞机制造运营产业链，围绕新能源航空器建立产业创新中心，实现城市空运成熟应用和体系化运营；攻克氢涡轮发动机、液氢存储系统等氢动力干线飞机关键技术，实现氢动力窄体干线飞机的试飞验证。

主要工程任务包括：持续攻克先进气动、降噪结构、高效发动机、多电系统等可以应用于国产民机的节能降噪技术，持续探索混合动力推进系统以及国产民机混合动力改装等混合动力技术，实现国产民机产业的绿色转型升级。持续攻克高能量密度、高放电效率和高安全性的航空动力电池技术，加快推进航空器新构型、新布局、新设计方法研究，持续攻克高功重比、高可靠性、低成本、低噪声的航空动力电机技术，持续攻克智能化、高可靠性、轻量化、低成本能量控制和飞行控制技术，形成完整的电动飞机装备产业体系。持续探索氢燃料存储技术、氢涡轮发动机技术、氢燃料电池技术、能量综合管理技术、氢电混合动力技术等关键技术，形成完整的氢动力飞机装备产业体系。在城市空运、快递物流、应急救援、警用安防等领域开展新能源飞机试点示范应用，建设一批创新应用场景，探索应用新模式，形成一批成熟的行业应用解决方案。建设低空保障服务体系，加快充换电、通信网络、起降场地等基础设施建设，保留硬件模式升级接口，研究制定基础设施建设标准。

通过实施新能源飞机关键技术重大工程，完善创新体系，促进航空产业绿色转型升级和高质量发展。新能源飞机产业初具规模，城市空运、应急救援、绿色民航等领域实现成熟应用。各具特色、差异互补的绿色航空产业集群在各地建立，形成一批绿色航空新技术、新业态和新模式。加快新能源飞机制造运营法规和标准制定，建立适航认证体系。从国家级航空运输与能源战略出发，促使新能源飞机技术与其他新能源装备技术在未来交通和能源产业发展中发挥重要作用。

第七节 超声速客机

21世纪以来，随着航空运输和长途飞行的快速增长，市场对超声速飞行的需求更加广泛。美国、俄罗斯、日本和欧盟等都已开展新一代超声速客机的研究，超声速公务机预计在2025年后投入使用，而超声速客机预计在2035年后投入商业运营。因此，开展超声速客机方面的研究对我国抢占未来民用航空科技的新一轮制高点、填补民用超声速运输机领域的技术空白、推动中国高端制造走向国际、实现中华民族伟大复兴的中国梦具有重要的战略意义。

2025年前，完成超声速民用飞机总体气动等关键技术攻关。该阶段以提高超声速巡航升阻比、多设计点优化、降低声爆为主要方向，开展多期高低速风洞试验和低声爆试验，掌握该类飞机基本的气动特性和低声爆设计手段。2035年前，完成超声速民用飞机全面关键技术攻关与技术验证机飞行验证。该阶段以2025年前的研究成果为基础启动超声速客机全面关键技术研究，开展超声速客机相关动力系统、材料结构、航电/机电等飞机关键技术的全面技术攻关，并针对关键技术进行飞行仿真验证、风洞虚拟飞行以及缩比模型飞行试验，形成"飞行仿真—风洞虚拟飞行—飞行验证"完整数据链条，建立典型超声速布局的近场声爆、层流减阻、气动效能、飞发匹配以及飞行特性等试验数据库。结合超声速民机技术验证机，利用国内市场研制一款超声速公务机（6—20座位），初步投放市场，目的是从使用中进一步验证超声速客机相关技术，同时该阶段还要放眼国外市场，探索世界民机市场对超声速客机的需求，寻求打入国外市场的切入点。2040年前，完成航程不低于8000km，35—70座级小型超声速客机型号研制，为研制大型超声速客机奠定基础。该阶段承接前期的各项关键技术研究成果，依据超声速公务机的使用经验及前期对世界民机市场的探索，跟随国外并创新性地研制新型中小型超声速客机。该客机应满足现有适航要求，拥有较强的市场竞争力。

主要工程任务包括：通过市场需求分析及可行性论证，形成超声速客机运营场景设想，提出*Ma*2.0一级超声速客机基本研制要求和主要技术指标，并围绕高效、绿色、经济可行等特征，开展低声爆、低阻力超声速客机概念方案探索研究，明确超声速客机与发动机配套需求，梳理关键技术并开展攻关研究。完成超声速客机概念方案研究，并确定该方案所需的关键技术要求。开展超声速客机总体气动集成设计技术、结构设计技术、运行空管技术、飞行验证平台设计和试验技术等关键技术研究，并进行地面和飞行试验。建设更加完善的超声速民机适航技术体系，完成超声速客机关键技术研究和飞行试验。开展小型超声速客机型号研制，逐步积累研究基础，支撑我国超声速民机事业走向世界之巅。

通过该项工程，全面掌握超声速客机技术，并完成小型超声速客机型号研制，使我国的超声速客机技术步入世界先进行列，支撑更好地实现中华民族伟大复兴的中国梦。

第八节　高速旋翼机

高速旋翼机是未来民用航空领域的研究重点。美国、欧盟等都已开展新一代高速旋翼机相关方面的研究，以V-22为代表的军用高速旋翼机已率先投入战场且多型验证机正在验证试飞，借助V-22研制成果发展的AW609民用高速旋翼机即将取证投入市场。目前，国内已对多种不同构型进行了探索，积累了一定的技术经验。启动军民融合的高速旋翼机方案、技术研究和发展途径规划，有利于我国快速抢占适合国情的未来民用高速旋翼机科技新一轮制高点，填补民用高速旋翼机领域技术空白，换道超车，为建设航空强国作出贡献。

2030年前，完成民用高速直升机市场需求调研和分析、总体方案设计和筛选，确定总体设计初步方案，完成关键技术攻关、产品任务效能及竞争力分析优化，完成原理样机设计和试验。2035年前，完成民用高速直升机产品详细设计，建造原型机并完成研制试验；开展产品适航取证工作，与试航当局共同研究并形成民用高速直升机适航取证标准。2040年前，实现民用高速直升机产品取证并成批量投入市场运营。

主要工程任务包括：基于国内交通运输、通航、应急救援等领域市场研究，开展民用高速旋翼机需求与市场分析，摸清我国民用高速旋翼机的市场需求、能力目标及所需的关键技术，为未来民用高速旋翼机的发展奠定基础。在综合分析不同高速旋翼机产品构型的基础上，开展民用高速旋翼机的型式选择研究，形成至少四种高速旋翼机总体构型方案；基于构型运营经济性、技术可行性、环境影响性等各项指标分析研究，提出我国未来高速旋翼机总体构型方案。针对所选构型方案，筛选其旋翼设计技术、传动系统技术、总体气动构型设计及优化技术、飞行控制技术、振动及噪声抑制技术、适航验证技术等，完成各技术领域关键技术攻关，建造并完成原理样机设计和试验。完成民用高速直升机产品研发，与试航当局共同研究并形成民用高速直升机适航取证标准，从而完成产品取证。

通过该项工程，摸清我国高速旋翼机需求，掌握满足我国市场需求构型的关键技术，完成民用高速旋翼机产品研发和取证工作，使我国的高速旋翼机技术步入世界先进行列。

第九节　零碳与车路云网一体化融合示范工程

汽车全生命周期碳排放是我国碳排放的重要来源，包括材料生产、整车生产、维修保养以及燃料生产、运输、使用环节。根据《汽车环保创新白皮书（2022年）》，2022年我国汽车行业全生命周期碳排放总量达到12亿吨，其中燃料生产和使用产生的碳排放占比达77%。随着碳中和在全球不断推进，绿色低碳成为汽车产品全球竞争的重要着力点，世界汽车大国纷纷对高碳产品设置障碍，以推动产业升级，抢占未来竞争高地。车路协同突破单车的局限，通过将"聪明"的车、"智慧"的路和强大的云网相结合，借助路侧多传感器、路侧边缘计算与云端中央计算，实现无死角、超视距感知和全域协同，实现比单车智能更安全的无人驾驶。车路协同智能驾驶从智慧道路角度提升汽车和交通智能化水平，是体现我国体制优势、攻克汽车和交通管理世界级难题的重中之重，也是我国自动驾驶超过美国的最佳机会。

2025年前，初步形成汽车行业碳排放管理标准体系，以及中国标准车路云协同自动驾驶汽车关键技术、数字路网、网络与信息安全标准体系。2030年前，智能化工厂深度发展，建立绿色供应链，实现汽车制造智能化绿色化；突破汽车移动储能、车网融合关键技术，优化整车及零部件绿色回收与循环流程；攻克智能道路、数字路网、车路协同智能感知与控制技术，加速车路协同自动驾驶技术商业化落地；攻克智能网联汽车网络传输与数据安全瓶颈技术，推动实现智能网联汽车实现"信息无隐患"；解决车载计算平台、操作系统欠佳等"卡脖子"问题，车路云网一体化建设初具规模。2035年前，实现智能交通系统示范应用，实现汽车智能、绿色出行；实现汽车移动储能、车网融合示范应用；车路协同技术逐步成熟，数据安全体系完整建立，初步实现路网数字化建设，实现车路云网一体化运营示范。2040年前，清洁、绿色能源驱动的新型智能零碳汽车规模普及；建立完整、安全的技术体系、安全体系和产业体系；车路协同智能网联汽车大范围推广。

主要工程任务包括：研究并实现绿色制造，推广清洁电能、绿色氢能等新型能源，实现零碳行驶；推动汽车生产全过程数字化、智能化，保障交通安全、支撑实现汽车出行全无人化；攻克新一代密码技术，以及网络虚拟身份管理、可重构网络空间体系安全等前沿技术，实现智能网联汽车信息与网络安全；研究覆盖硬件平台、系统软件、功能软件、应用软件的全栈可靠、安全冗余的功能安全体系架构，加速提升产业研发，实现我国汽车产业安全。

第十节 高速磁浮交通系统工程化应用

传统轮轨高速铁路，如成渝—京津冀间的连接则需要8h以上。航空运输受其较高的成本费用和运输能力限制，对于快速增长的客货运需求分担有限。同时，候机时长和天气等因素也对城市圈的互联时效性和稳定性产生影响。现有交通运输方式难以满足我国城市群之间高速、高效、稳定的交通运输需求。随着轮轨交通的速度优势逐渐发挥到极致，磁浮将成为轨道交通高速化发展的重要技术路径。高速磁浮交通作为一种新型的轨道交通制式，具有速度快、噪声低、安全性高和便于维护等优势。相比传统轮轨高速铁路，磁浮交通时速超过600km，可有效填补高铁和航空运输之间的速度空白，实现全国主要中心城市间的快速通达。攻克高速磁悬浮技术，研制高速磁浮交通系统以加快其产业化进度：一方面，可以持续引领轨道交通技术的发展，掌握国际话语权，带动相关产业快速发展；另一方面，高速磁悬浮交通系统可以作为未来京沪、京广第二高速铁路的有效选择方案，有效支撑国家综合立体交通网建设。

2040年前，利用上海高速磁浮示范线，通过设备替代或改扩建，加快国产化设备的试验与验证；将高速磁浮交通纳入未来国家交通发展规划，在现有高铁路网规划和航空交通规划的基础上，以北京、上海、广州、深圳、成都、武汉等重要中心城市为重点，进行高速磁浮交通战略布局，实现时速600km高速磁浮交通系统工程化应用，推进未来主轴交通与现有规划的高效衔接；开展更高速度（大于1000km/h）的低真空管道超高速磁浮交通关键技术及其适用性技术储备研究，为超高速磁浮交通的发展奠定理论和实践基础。

主要工程任务包括：攻克高可靠悬浮导向控制、超大功率牵引控制、无接触速度检测、高实时分组传送网（packet transport network，PTN）网络通信、低延时车地微波通信、FAO运控、云端集成一体化综合监控和多系统网络融合等关键技术，建设高速磁浮专用试验线，开展达速试验及高速载客运行条件下的多场景、多工况运行考核，实现高速磁浮的工程化应用，将高速磁浮交通系统打造成我国轨道交通的另一张亮丽名片。

第十一节　轨道交通高原运载装备示范应用

我国西部高原地区（主要是西藏）与印度、尼泊尔等多个国家接壤，边境线长达2000多公里，战略地位突出。历史上，由于装备技术成熟度不够、经济发展不均衡等多种原因，该地区轨道交通发展速度相对落后于中东部地区。目前，进藏的铁路仅有青藏铁路（川藏铁路只有拉林段开通）一条，铁路密度不及中东部地区的1/10，极大地制约了西藏地区社会经济的快速发展。开展轨道交通高原运载装备技术研究，有助于提高西部欠发达地区的基础设施通达度、通畅性和均等化水平，加快建立西部高原地区出海通道和扶贫通道，是积极响应“西部大开发”和“一带一路”倡议等，促进民族团结、维护国家安全和现代化国防建设的必然需求。

到2040年，全面掌握轨道交通高原运载装备关键核心技术，构建成熟、先进的全谱系轨道交通高原运载装备示范平台；引领行业技术标准建设，在全球轨道交通高原运载装备领域占据引领地位；形成具有全球影响力和竞争优势的高原运载装备产品及运维体系，实现高原运载装备产品与系统解决方案智能化、绿色化及高端化，成为支撑“一带一路”倡议实施的重要战略科技力量。

主要工程任务包括：立足我国西部高原轨道交通运载装备发展需求，研究高原运载装备与传统运载装备的技术差异。通过全球轨道交通高原运载装备技术路径的对比分析，把握本领域工程科学技术趋势，对适应高原高寒等不同地质条件和复杂环境下不同编组、不同速度等级、大运量运载装备的产业现状、发展趋势及技术短板开展研究，提出我国高原运载装备未来发展方向、重点任务和推进路线等建议，推动轨道交通高原运载装备行业标准和技术体系的完善。深入开展轨道交通高原运载装备关键技术研究，持续完善产品谱系。研发适用于高原铁路的客货运与应急救援装备，进一步提升装备运维水平。构建和完善轨道交通高原运载装备标准体系，打造具有示范效应的产品平台。

第十二节　智能网联综合立体交通重大工程

随着城市化和经济的高速发展，城市区域人口密度和可利用交通资源的矛盾日趋激化。发展智能网联综合立体交通，促进各种交通方式从局部最优上升到整体最优，提高交通系统整体效率，是有效缓解城市交通拥堵、协调城市区域科学发展的迫切需求。建设网联化、协同化、智能化的综合立体交通运输体系，既是践行国家“交通强国”战略的重大使命，也是推动交通系统绿色发展、助力“碳达峰、碳中和”中长期目标实现的重要途径。因此，提出面向未来出行的智能网联综合立体交通重大工程。

2030 年前，实现路车大规模融合。实现新能源汽车全气候运行，端、边、云实现城市空间大范围动静态信息的广泛感知、流转交互和精准预测，支持车辆轨迹的实时规划与控制，实现边缘自适应控制。

2040 年，实现路车高度融合。建立完整的技术体系和产业链条，全面掌握轨道交通高原运载装备关键核心技术，构建成熟、先进的全谱系轨道交通高原运载装备示范平台；端、边、云实现城市空间全景动静态信息的全面感知、实时流转和即时决策，各要素互联互通，形成统一整体，实现群体智能，系统呈现高度信息化、自动化、智能化。

主要工程任务包括：研究覆盖硬件平台、系统软件、功能软件、应用软件的全栈可靠、安全冗余的功能安全体系架构。攻克混合电推进关键技术，实施兆瓦级混合电推进系统工程，为新能源飞机发展提供动力支撑。构建多基协同的交通信息全域采集网络和多元传感数据融合架构，提升全域感知能力、定位精度和覆盖能力。推动终端设备实现按需联网，实现信息实时传输和交互，高度普及车载网络与云端算力。构建能够保障智能汽车、通信网络、云端平台和基础设施一体化信息安全体系。

第七章　机械与运载领域重大工程科技项目建议

本章基于机械与运载领域“战略必争”“基础必牢”“短板必补”等方面的工程科技发展能力差距分析结果，面向国家重大战略需求、聚焦重大关键技术突破、结合国情、逐项论证、分步实施的管理模式，提出面向2040年的机械与运载领域重大工程科技项目建议（表7-1）。

表7-1　面向2040年的机械与运载领域重大工程科技项目建议

序号	名称
1	空天装备增材制造
2	关节型高品质工业机器人
3	运载火箭性能提升优化
4	下一代北斗卫星导航系统
5	太阳立体探测
6	绿色海洋动力能源关键技术与装备
7	新一代空管技术
8	全复合材料发动机
9	先进复合材料智能维修
10	零碳、无人与多栖汽车
11	轨道交通原始创新试验能力建设

第一节　空天装备增材制造

（一）应用目标

面向航空航天、空间制造的需求，开展高端应用增材制造整体提升重大工程科技项目建设和基于增材制造技术导向的创新结构设计，重点创新增材制造专用新材料、控形控性工艺基础、配套核心工艺装置及设备、点阵、拓扑等超常规创新结构设计方法，实现其在航空、航天、船舶、核电等领域的应用，进一步实现其传统制造技术的替代和互补，提升我国高端装备制造、智能制造、绿色制造技术水平和国际竞争力。

（二）工程技术目标

2025年前，完成复合材料、高性能金属材料、高性能陶瓷材料、高熵材料、超材料、功能梯度材料、增材制造材料体系及核心设备研制；形成复合材料与复合结构增材制造的产业链，在航空方面能够实现常规复合材料的替代，满足苛刻运行条件下复合材料与复合结构制备；攻克太空微重力、大温变、强辐射和高真空等极端环境下3D打印关键工艺技术、构建适合太空3D打印的专有材料体系、研制太空3D打印专用设备。

2035年前，形成高熵材料、超材料、功能梯度材料的产业链，建立基于增材制造技术导向的空天装备创新结构设计体系，并促使飞行器机体、发动机等关键部件实现应用，促进重大空天装备的创新设计与制造，产生良好的经济、社会效益；实现太空超大型装备的在轨制造与原位修复，实现地面大型装备的太空制造突破性进展。

2040年前，形成面向空天装备增材制造用的新型材料基因组谱，实现具备结构与功能一体化的多尺度增材制造构件在空天智能飞行器使用，采用“就地取材”的方式开展地外星体基地远程智能增材制造，促进地外星体基地建设。

（三）主要任务、技术途径与可行性分析

面向航空航天、空间制造和地外星体基地建造的需求。

1）研究高性能金属材料、复合材料、高性能陶瓷材料、高熵材料、超材料、功能梯度材料等的增材制造工艺、装备、控制技术和服役性能，构建空天装备增材制造需求—设计—制造—应用的全生命周期制造体系。

2）研究基于增材制造技术的超高比强度/比刚度、超复杂点阵、拓扑优化、特殊功能等超常规结构设计方法及其建模模拟验证方法，建立基于增材制造技术导向的空天装备创新结构设计体系。

3）研究单一或多能束复合增材过程高能束与物质交互作用、冶金过程、凝固结晶机理、组织-性能调控方法以及应力与变形控制等控形控性共性关键技术，建立空天装备增材制造专用新材料和配套核心装置与设备体系。

4）研究并形成面向空天装备增材制造用的新型材料基因组谱，推动结构功能一体化的多尺度新型材料增材制造构件在空天智能飞行器中的应用。

5）建立太空装备的在轨制造与原位修复工艺体系，推动建立地外星体基地远程智能增材制造体系。

第二节　关节型高品质工业机器人

（一）应用目标

机器人是制造业皇冠顶端的明珠，其研发、制造、应用是衡量一个国家科技创新和高端制造业水平的重要标志，关节型高品质工业机器人作为国家战略性高新技术产品，是智能制造的重要技术载体、实现制造强国的重要抓手。关节型工业机器人在航空、航天、船舶、新能源汽车等国家重点行业发挥着不可替代的作用，由于国产产品与国外同类产品性能相比差距明显，无法满足国家重点行业高端应用需求，国家重点行业工业机器人高端应用几乎被国外品牌垄断，对国家重点行业制造的自主可控带来严峻挑战。发展关节型高品质工业机器人技术与产业，对构建新型制造体系，促进制造业向中高端迈进，保障国家重点行业制造的自主可控，实现制造强国具有重要意义。

（二）工程技术目标

到2025年，实现制约关节型工业机器人性能的关键共性技术系统性突破，国产工业机器人整机主要产品性能达到国际同类产品先进水平；2030年，实现关键核心技术、核心部件、产品、应用产业链自主可控，在国家重点行业国产关节型机器人实现批量化高端应用，打破被国外品牌垄断的局面；2040年，彻底结束国家重点行业国产关节型工业机器人高端应用被国外品牌垄断的局面，有效支撑国家重点行业的自主可控。

（三）主要任务、技术途径与可行性分析

面向机器人产业发展需求，需要完成的主要任务：①系统性攻克制约关节型工业机器人性能的关键共性技术，构建适合我国国情的关节型工业机器人研发技术体系；②系统性攻克关键核心技术和核心部件、软件、器件，产品、集成应用工艺体系化技术，构建自主可控的全产业链体系；③系统性完善安全/检测/评定方法及检测评估平台和机器人标准体系，构建完善关节型工业机器人研发与应用的保障体系；④研制轻/中/重载系列化具有国际先进水平的关节型工业机器人，构建完善的国产关节型高品质工业机器人产品谱系。

采用的实施路径：①建设国家机器人共性关键技术创新中心，发挥体制优势，组建国家队成建制攻关，系统性攻克制约国产工业机器人产品性能的诸多共性关键技术，提升产品创新能力和共性技术供给能力；②发挥国家科技计划统筹部署的引领作用和地方政府的产业引导作用，整合央地企多方资源，加强机器人产业区域的协同，优化产业布局，完善全产业链建设，提升我国机器人产业支撑能力；③加强安全/检测/评定方法研究和相关基础平台设施建设，形成央地企多方共建共享机制，提升产品研发应用的保障能力；④加强国家科技计划顶层统筹部署，强化企业创新主体，创新产学研用结合与分享机制，使我国机器人整机、部件骨干企业主要产品的性能达到国际同类产品的先进水平，推动我国机器人技术产业高质量发展。

第三节　运载火箭性能提升优化

（一）应用目标

航天运输系统是一切航天活动的基础，一流的运载火箭是建设航天强国的重要标志；我国运载火箭的发展已经经历了“从无到有”“从有到全”的过程，运载火箭的高质量发展是实现从全到强的根本途径，当前我国运载火箭性能水平与国际先进运载火箭相比还存在一定差距，很大程度上制约了我

国大规模进入空间和利用空间的发展。

面向我国运载火箭高性能发展的战略需求，开展重大基础专项研究，重点解决长期制约我国液体运载火箭发展的重大瓶颈问题，实现我国运载火箭“从全到强”的历史转变。

（二）工程技术目标

2025年，围绕核心性能提升，攻克一批弥补差距与支撑跨越发展的共性基础问题和瓶颈技术，完成典型运载型号飞行验证评估，实现我国液体运载火箭的高性能设计研发能力大幅提升。

2035年，全面解决相关共性基础问题，实现主要性能水平大幅提升。

2040年，完成全面推广应用，整体达到并部分超越美国同期液体运载火箭的性能水平。同时，实现液体运载火箭先进研发体系在航天运输系统产业的推广应用，推动我国航天运输系统整体性能水平跨越式提升。

（三）主要任务、技术途径与可行性分析

面向攻克运载火箭性能提升、优化共性基础和突破瓶颈问题的需求。

1）研究总体精细化设计技术，形成总体设计规范与准则体系。

2）研究结构、控制、电气、动力等设计性能优化技术，建立相应分系统设计规范体系。

3）研究发射效率提升集成优化设计，解决发射过程无人值守等领域短板问题，全面支撑发射支持性能的跨越发展。

第四节　下一代北斗卫星导航系统

（一）应用目标

综合定位、导航、授时体系作为国家综合实力的重要基础和支撑，其对国家经济社会发展的作用意义日益凸显。全球卫星导航系统新一轮的竞争态势逐渐显现，2035年前GPS Ⅲ将全面建成、第二代伽利略系统具备完整运

行能力、全球卫星导航系统也将完成新一代系统更新换代；新兴科技产业数字化、网络化、智能化发展趋势需要全球高精度、高完好、安全可信的定位、导航、授时信息支撑。在可预见的未来，卫星导航系统将为各类用户提供统一时空基准下连续高精度、低成本定位、导航、授时服务的手段，是最大限度满足共性需求最重要的手段，是国家实现统一时空基准下定位、导航、授时能力最重要的支撑。因此，建设世界领先的高精度、高安全、高弹性、高智能的下一代北斗卫星导航系统已迫在眉睫。

面向经济、科技等领域对全球高精度、全球高完好的定位、导航、授时服务的需求，开展下一代北斗卫星导航系统重大工程科技专项研究，开展下一代北斗导航系统创新系统架构设计，为全球用户和其他定位、导航、授时系统提供覆盖地表至近地空间全空域、全天时、全天候、高精度、高可靠、低成本的时空基准，为建成更加泛在、更加融合、更加智能的国家综合定位、导航、授时体系奠定坚实基础，为新时代建设现代化强国提供重要保障。

（二）工程技术目标

2025年，保障北斗系统连续稳定运行和性能持续提升；进行下一代北斗卫星导航系统关键技术攻关，实现全球分米级的高精度导航定位。

2035年，建成下一代北斗卫星导航系统，构筑精准、安全、可信的国家综合定位、导航、授时体系的核心和基石。

2040年，结合新兴领域、前沿技术等发展，研制发射新一代北斗导航卫星，具备持续升级北斗系统的能力。

（三）主要任务、技术途径与可行性分析

面向全球用户高精度、高完好、安全可信的定位、导航、授时服务需求。

1）统筹天地时空基准资源，为实时分米级高精度和自主运行提供支撑。

2）构建地面与高中低轨混合星座的高效协同运行机制，提供全球范围内的实时快速精密定位服务。

3）研究全球高完好技术体制，实现全球基本完好性服务。

第五节　太阳立体探测

（一）应用目标

太阳是太阳系的核心天体，控制着整个太阳系的引力环境、辐射环境、磁场环境和粒子环境，太阳活动（太阳耀斑和日冕物质抛射等）深刻影响着地球和人类的生存环境。太阳活动对地球空间环境及电力、航天、航空等人类活动都具有重要的影响。探索和预报太阳活动与演化规律对人类可持续发展具有重要的应用价值。空间天气预报经过几十年的发展，对全方位立体探测的需求日益紧迫。

太阳全方位立体探测系统包括4个主要科学和应用目标：①太阳内部结构和磁场起源；②全生命周期立体监测太阳活动机理；③太阳活动的全日球空间天气效应；④灾害性空间天气物理预报模式研究。

（二）工程技术目标

2026年，实现太阳中低纬100%覆盖且连续观测。研究太阳内部结构和磁场起源、太阳活动机理及空间天气效应，解决太阳物理和空间天气预报重大问题。

2030年，解决太阳磁场周期产生机制等重大科学问题。

2040年，揭示太阳活动规律，对太阳活动对人类的影响作出预测。

（三）主要任务、技术途径与可行性分析

通过太阳全方位立体探测系统的构建与完善，攻克一系列系统关键技术，取得相关航天技术的跨越式发展，并带动相关空间技术的应用转化。

重点攻克太阳探测载荷等关键技术，解决探测任务工程方案的可实施性问题，为后续任务的执行奠定基础。

第六节 绿色海洋动力能源关键技术与装备

（一）应用目标

研究并应用可循环的绿色动力能源对于国家能源安全至关重要，是国民经济及可持续发展的重要基础。对于海洋装备行业而言，绿色动力能源有多种选择，但绿色动力能源的应用受制于海洋装备主机技术的发展，通过设立“绿色海洋动力能源关键技术与装备”重大工程科技专项，聚焦绿色动力能源的生产、输配、存储和供应，以及动力电池材料、生命周期监管及回收等开展关键技术攻关，提高绿色动力能源与海洋装备相融合的科研水平，推进工程化应用实施，从根本上减少海洋装备业碳排放，加快海洋装备业绿色低碳产业技术跨越和产业升级，助力国家“双碳”目标的实现。

（二）工程技术目标

2025年，通过建设相关基础设施以加快低碳燃料动力船舶核心技术国产化推进和示范化、商业化进程。在液化天然气基础设施领域，短期建造液化天然气加油示范专用船（燃料供应），中长期在主要港口建设陆上液化天然气加油站。实现液化天然气动力、混合动力等核心配套装备国产化和升级。

2035年，基本实现甲醇等低碳船舶关键技术及设备研发。大力支持并推进氢、氨等零碳船舶技术等一系列绿色船舶技术及配套装备的体系化、综合性技术开发。

2040年，实施零碳船舶技术开发示范工程，如氢船、氨船示范应用；配备试验评价设施，推进试验船舶建造和海上示范；建立兆瓦级氢燃料电池测试评估氢燃料船研发平台，建造环保燃料（氢、电等）示范海上试验台。

（三）主要任务、技术途径与可行性分析

优先发展绿色动力关键技术，下一步重点发展的技术路线是由液化天然

气作为过渡能源实现其技术和装备国产化，同步推进甲醇/二甲醚等低碳动力技术和装备工程应用，最终实现氢/氨等零碳动力关键技术突破。

1. 液化天然气动力系统技术研发

针对内河、沿海、远洋液化天然气燃料动力船舶对燃料储存及供给的需求，重点开展液化天然气燃料储存、供给系统关键技术研究及核心零部件自主研制，掌握设计、制造技术，实现系统集成并完成实船应用验证。

2. 甲醇/二甲醚低碳动力发动机研发

甲醇应用于船用发动机仍存在许多关键问题，如甲醇发动机的燃料舱、燃料供应系统、发动机特殊的防腐处理技术需要攻克。目前甲醇二冲程发动机（two-stroke methanol engine）已成功实现大规模商业化应用，但仍需重点攻克四冲程技术，预计2025年有望完成破冰并实现商业化应用。随着越来越多商业化甲醇动力船舶的推广，实船运行的经验和数据将进一步推动船用甲醇发动机技术的革新和进步。

3. 氢/氨零碳动力海洋装备研发

氢/氨燃料电池是未来应用前景较为广阔的装置，攻克氢/氨燃料在海洋装备应用的关键技术，如加强船用氢燃料电池动力系统、储氢系统、加注系统等技术装备研发，探索氢燃料电池动力技术在客船等中的应用，鼓励使用太阳能等可再生能源电解水产生的绿氢（green hydrogen）。解决安全性、毒性、腐蚀性等关键问题，提高氢/氨燃料在海洋装备应用的安全性，降低制造及应用成本。

第七节　新一代空管技术

（一）应用目标

未来30年，我国民航运输还将持续保持较快的增长速度，必将导致空中交通规模和复杂度大大超出当前技术架构确定的运行模式的极限容量。以当前空管技术体制决定的“以人为中心”运行模式将无法突破发展瓶颈，需要通过技术变革，开发新一代空管技术，实现由“以人为中心”的运行模式向“以机器为中心的自治型”运行模式转变，构建智慧空管运行生态环境，满足我国民航未来发展的需求。

（二）工程技术目标

建成透彻感知、泛在互联、智能协同、开放共享的智慧空管体系。智慧空管成为智慧民航建设的先行示范、数字民航建设的先导产业，为全球空管创新发展贡献中国方案，有力支撑新时代民航强国建设。

2025 年，完成空天地一体化协同环境搭建与空地协同自主运行研究。

2035 年，攻克地空全阶段宽带通信、北斗卫星导航航空应用、空中交通四维航迹（4D trajectory）精细化管控、空域自适应柔性管理等新一代空管系统关键技术，实现初始 4D 航迹运行，具备基于 4D 航迹的空管辅助决策支持能力。

2040 年，攻克航空卫星宽带通信、空地自动化管制、基于性能的空中交通五维管制、空中交通智能同步、四维时空资源精细化分配、有人/无人驾驶航空器混合运行自主智能避让等关键技术，空中交通管理系统向云端迁移，实现对航空器空中飞行状态的全息重构，以及运行主体的自主运行。

（三）主要任务、技术途径与可行性分析

1. 航空地空宽带通信技术

围绕机场场面运行、起飞、巡航、降落等全阶段的航空器与地面之间的宽带通信需求，研究机场场面宽带移动通信系统、航路 L 波段数字航空通信系统、基于 5G 技术的地空宽带通信系统（air to ground，ATG）等关键技术，攻克基于 IP 的空地航空电信网与地空宽带通信应用服务技术，研制核心系统与装备，构建民航空地宽带通信服务网，并开展实际应用验证实践活动。

2. 民航飞联网技术

重点研究有人机与无人机混合运行、军民航融合一体化运行场景下的体系运行安全测评，建立基于数字孪生的飞联网体系仿真试验平台。攻克航空器环境监视与告警技术、单机性能测试技术、多机协同能力测试技术、持续运行监测技术，形成最低环境适应性行业标准、多型航空器动态尾流间隔行业标准、多机协同能力测试技术行业标准、持续运行监测技术行业标准。研究协同编队飞行以及动态机群管控等关键技术，形成多主体协同运行的运输机群调度体系。研究机载与地面协同的安全管理态势推演技术，实现全系统全空域运行安全绩效整体评价。建立无人运输精密观察场和有人无人运行综合试验场，联网运输空间映射——真实向虚拟、无人向有人，构建飞联网环境下运行场景库；研究多主体间通信链路评估技术，研究复杂环境下飞联网（aviation internet）运行效能评估方法。

3. 空管全阶段四维航迹协同运行技术

研究门到门全过程、全阶段的四维航迹运行的关键技术，突破飞行全阶段数字化协同管制、基于四维航迹的空中交通态势协同共享、五维气象精准预报、大批次航班全程四维航迹智能无冲突管理、进离场一体化协同管理、空域自适应柔性管理等关键技术的瓶颈，研制机载四维航迹管理终端、地面四维航迹综合管控系统等系统装备，并进行实际运行验证与应用示范。

4. 空管自主运行技术

针对空中交通高密度安全运行的需求，开展航空器与地面空管系统空地之间分布式自主运行理论、体系架构和关键技术的研究，重点突破基于ADS-B IN的机载自主间隔保持、面向四维航迹运行的自主保持、空地自动化管制、空地分布式协同控制等技术瓶颈，研制空地自主运行的机载航电设备、新一代地面管制系统等核心系统装备，并进行实际运行验证与应用示范，研究航空主动预测与规避天气环境技术，研究基于空地宽带的空域协调和智能管控技术。

5. 精细化气象观测预报技术

开展基于无人机的气象要素观测技术、新型机载气象传感器和星载气象雷达的研究，推进终端区天气雷达、激光雷达、毫米波雷达、微波辐射仪等探测设备的验证及应用。开展气象信息在航空活动中的融合技术研究，攻克多源气象数据融合、局地大数据预报、快速更新同化预报等关键技术，建立以高分辨数值预报技术和多元数据融合技术为支撑的客观化、精细化的预报预警系统。开展气象信息与空管、航司、机场等运行信息的融合技术研究，攻克航空气象影响预报、协同决策等关键技术，形成多元化的航空气象辅助决策系统装备。开展专业数值预报模式的研究和数值天气预报产品的深度解释应用，研究并促进智能气象观测和智能气象服务技术的应用。

6. 管制间隔动态缩减技术

研究终端区气象要素精细化临近预报、基于激光雷达的尾涡特征参数探测与反演、飞行尾涡运行与消散特征性精准预测、飞机尾涡危险区域精准推演与间隔动态缩减等关键技术，开展尾涡特征参数探测与动态尾流间隔监测与管理关键装备系统研发，建立尾涡影响态势的精准预测与预警技术体系。开展空中交通管制间隔动态缩减技术验证与应用示范，进一步提高终端区运行效率和通行能力。

7. 有人/无人驾驶航空器混合运行管控技术

分别针对大型和中小型有人/无人驾驶航空器混合运行，构建以新型中低空多源融合监视技术、电子围栏、身份识别技术集成应用为基础的安全防控体系。面向航路、机场和低空空域等混合运行场景，研究运行态势智能感知技术和控制策略；攻克有人/无人驾驶航空器混合运行自主、智能避让等关键技术；建立有人/无人驾驶航空器混合运行的适航标准、飞行标准和飞行规则，开展有人/无人驾驶航空器混合运行仿真和示范研究。

第八节　全复合材料发动机

（一）应用目标

未来绿色环保飞机对航空发动机提出了更大推力和更低耗油率的性能需求。在传统材料体系下的航空发动机技术已临近技术天花板，难以实现大的突破。急需寻找全复合材料发动机研制新路径，建立全复合材料发动机设计体系，充分发挥复合材料轻质耐高温、性能可设计等独特优势，实现发动机性能跨越式提升，并将相关复合材料发动机的设计、制备和验证技术推广至其他航空发动机，全面提升我国航空发动机研发水平，全面满足我国航空工业的动力需求。

（二）工程技术目标

为满足高系统效率、高单位推力、低油耗率的发动机高性能需求，开展全复合材料发动机关键技术研究与验证，实现发动机性能大幅提升，形成复合材料发动机的设计和试验考核体系，完成配装无人机条件下的飞行试验，建立复合材料航空发动机的设计和制造体系，实现航空动力技术的跨越式发展。

2025年，完成发动机现有构型上的基于复合材料的整机轻量化设计，验证在发动机上大范围使用复合材料的技术可行性。

2035年，聚焦发动机尺寸、载荷和寿命需求等特性，攻克全复合材料关键技术，实现发动机基于复合材料的高性能设计，完成全复合材料发动机高空台试验。

2040年，完成全复合材料发动机的飞行试验，建立全复合材料航空发动机设计和制造体系。

（三）主要任务、技术途径与可行性分析

1. 全复合材料发动机设计关键技术及验证

在现有构型基础上，针对风扇、火焰筒、叶盘、涡轮轴等典型零件，利

用复合材料进行发动机轻量化设计，验证在发动机上大范围使用复合材料的技术可行性，获得复合材料应用基础数据，积累设计经验。考虑复合材料构件在发动机上的尺寸、载荷和寿命需求等特性，重点攻克低稠度气动设计技术、材料各向异性利用的冷却设计技术、连接结构设计技术、寿命预测技术等关键技术，通过模拟件—零部件—整机逐级提升技术成熟度。

2. 全复合材料发动机制备关键技术及验证

通过全复合材料发动机研制牵引国内复合材料在结构成形、机械加工、涂层喷涂等领域的关键技术攻关。针对复合材料切削性差易产生表面裂纹损伤、导电性差无法采用常规电火花加工等问题，亟待攻克复杂型面薄壁复合材料叶片预制体成形技术、复合材料叶片气膜孔等精密制备技术；通过开展材料-设计-制备协同技术研究，控制加工成本，缩短研制周期；针对复合材料成形及加工工艺与传统加工方式存在较大差异的问题，攻克复合材料构件毛坯、零件缺陷的检测及评价技术，建立典型缺陷形态和特征的数据库；攻克复合材料构件抗腐蚀、抗沙尘的防护涂层技术。

3. 全复合材料发动机整机集成验证与飞行试验

基于复合材料构件的功能性要求、装配性要求和制备可实现性要求，整合相关气动设计输入、冷却传热设计输入和强度设计输入，建立支撑复合材料发动机零部件结构设计优化高效开展的分析方法和流程。围绕全复合材料发动机循环参数、重量等指标要求，研究总体方案，进行各零部件接口设计、强度振动分析，实现发动机基于复合材料的高性能设计，完成全复合材料发动机高空台试验，以及配装无人机条件下的飞行试验，建立全复合材料航空发动机设计和制造体系。

第九节　先进复合材料智能维修

（一）应用目标

随着我国先进民航飞机、大型运输机和军机中复合材料用量的不断增加，飞机维修技术正朝着“数字化”“智能化”“集成化”“高效化”等方向快速发展。先进复合材料智能修复技术可以提高飞行器的安全性和可靠性，减少因结构损坏导致的飞行器报废或停飞，降低维修和更换结构的成本，也是各型先进飞机全寿命周期的关键保障技术，将有助于提高飞机的使用效率，保证军民用飞行器高效安全可靠运营和使用。因此，发展高效可靠的先进复合材料智能修复技术是先进飞机寿命设计与服役安全的重要保障，对提高飞机结构维护性和降低运营成本有重要意义。

（二）工程技术目标

建立具有自主知识产权的航空复合材料设计—检测—工艺—评价一体化智能修复体系，实现我国飞机复合材料智能修复技术跨越式原创性基础成果与颠覆性技术成果突破，提升我国军民用飞机复合材料智能修复技术的国际竞争力与影响力，引领飞机复合材料结构智能修复技术方向与发展。

2025年，形成系统的复合材料修复理论体系。

2035年，建立先进复合材料3D打印修复工艺体系及修复结构性能评价方法，创新研发具有自诊断、自修复功能的智能复合材料，研究复合材料结构与功能一体化修复技术。

2040年，建立基于虚拟仿真与数字孪生的复合材料修复设计平台；建立基于深度学习的复合材料修复数字化高效设计模型、进行飞机复合材料快速修复的智能化修复等关键技术研究，建立具有自主知识产权的航空复合材料设计—检测—工艺—评价一体化智能修复体系。

（三）主要任务、技术途径与可行性分析

1. 先进航空复合材料3D打印修复技术

针对航空复合材料3D打印修复难以实现连续性碳纤维增强热固性树脂复合材料打印的难题，研究复合材料修复工艺的3D打印技术体系及固化工艺力学行为；建立3D打印修复复合材料结构的力学行为和界面性能的多尺度力学仿真分析模型，揭示纤维打印排布、纤维含量对复合材料修复结构力

学性能的影响规律；实现3D打印修复复合材料结构损伤容限和剩余强度的预测与评价；研制3D打印修复复合材料补片及结构样件，在飞机典型复合材料修复结构件上得到试用验证。

2. 航空用自诊断、自修复功能的智能修复复合材料技术

针对航空复合材料结构服役过程中的温度、变形、应力、振动、损伤等无法在线监测的问题，研究新型环氧树脂胶囊化学改性修复剂的方法，揭示修复剂填充量、温度、时间对复合材料修复效率的影响规律；研究复合材料植入微纳传感器及其阵列的智能修复结构设计方法，构建自诊断、自适应智能复合材料修复结构系统，实现复合材料修复结构的在线检测及评价；研究复合材料修复结构损伤信号识别与应力应变监测的人工智能神经网络分析模型，构建复合材料预埋元器件工艺优化、损伤监测、强度预报等一体化敏捷智能修复设计体系。

3. 飞机复合材料修复结构数字孪生模型及其可靠性技术

针对飞机复合材料修复结构强度与寿命难以评估与预测的难题，研究复合材料修复结构工艺成形、修复设计、损伤容限、强度与寿命预测、可靠性评估等整个修复结构寿命周期的数字孪生设计及验证方法；研究复合材料修复结构服役性能与数字模拟之间的映射模型，实现关联性能数据和传感信息交互，以及数字模拟仿真预测与实验测试的智能反馈；发展基于物理规则与数字孪生设计的深度学习方法，实现服役工况参数的实时仿真计算机优化与修复结构服役寿命预测，实验验证数字孪生模型可靠性。

4. 蜂窝夹层结构修复性能、功能、工艺一体化设计技术

针对飞机蜂窝夹层结构修复力学性能与电磁辐射功能难以同时满足的难题，需要研究蜂窝复合材料涂层电磁辐射控制、蜂窝夹层结构电磁辐射控制的功能损失机制及结构损伤机理的多物理场、多尺度理论分析方法，实现电磁辐射控制材料与结构的损伤演化与吸波性能退化的虚拟仿真；建立蜂窝夹层结构修复工艺力学、强度性能、电磁辐射功能的一体化修复设计模型；研究高效可靠的电磁辐射控制材料与结构修复工艺及修复技术。

5. 飞机复合材料快速修复智能化技术

针对飞机复合材料损伤难以快速识别与评估的难题，研究飞机复合材料损伤故障形式及损伤模式的人工智能神经网络高效识别模型，实现典型损伤信息的大数据分析；基于深度学习技术开发飞机复合材料结构损伤仿真系统，预测复合材料结构的损伤容限及其可修复性；提出飞机复合材料结构快速修复的模块化方案，探究复合材料结构损伤快速修复方法；研制基于无人机及机器人的快速修复智能化修复仪器及非接触检测评价系统，实现快速抢修智能化设计与修复应用。

第十节　零碳、无人与多栖汽车

（一）应用目标

汽车是工业革命和工业化水平的代表性产业，是涉及电动化、智能化、网联化以及新能源、新材料、新装备的新一轮科技革命的最全面、大规模的载体与平台。在新一轮科技革命下，汽车自动驾驶技术持续迭代，电动化与智能化加速融合，呈现双螺旋支撑式发展态势。开展关键核心技术、前瞻颠覆技术研究，推动实现汽车与各行业高端技术的联动重组，补全产业链短板，支撑高端汽车品牌建设和产业高质量发展。探索多栖跨领域应用场景，深度挖掘低空空域资源，建立未来立体化智慧交通体系。构建一套前瞻性强、完整度高、兼容性好、应用面广的数字汽车研发验证工具链，打破国外技术垄断，全面提升国内汽车设计研发水平，实现汽车工业水平领跑全球，助力我国构建汽车强国。

（二）工程技术目标

2030年，攻克氢/氨发动机、氢燃料电池及驱动系统和储氢系统、全气候固态电池、国产化车载总线、宽禁带功率器件等关键技术，提升锂离子动力电池、车用电机和控制器性能；构建覆盖硬件平台、系统软件、功能软件、应用软件的全栈可靠、安全冗余的智能汽车功能安全体系架构；实现车载传感技术更加智能化和微型化、人机交互技术广泛应用在车辆自动驾驶中、国产车规级高算力计算芯片达到国际领先水平，并在智能驾驶领域得到广泛应用、智能计算平台实现国产化替代；攻克智能底盘集成技术并达到国际领先水平；开发出面向新一代数字汽车的仿真测试软件工具链；建成支持车辆操纵稳定性、行驶平顺性等实际车辆验证的数字仿真试验的数字化试验场；攻克高功率电动推进、高升阻比轻质车体、低空飞行智能驾驶等飞行汽车关键技术，以及特种车辆极端环境应用关键技术、水陆空多栖装备关键技术。

2040年我国发动机产业向零碳方向实现转型升级，实现全固态电池的商业化应用，消除汽车产业零部件“焦虑”，建立完整的技术体系和产业链条；构建以出行规律预测为牵引的综合能源需求和运行管控云平台，形成以电动汽车为核心节点，按需多模式接入、源荷储属性并发高效、多域调度控制有序、车网或站网间能量供需平衡的安全、高效、弹性的充放/换电互操作体系；实现车载传感技术完全智能化、微型化、网络化和仿生化，功能安全与预期功能安全等技术达到国际领先水平，新一代信息物理技术在车辆控制中深度融合，“数字虚体”与“物理实体”深度耦合，实现道路智能化技术示范推广应用；建立汽车工业软件标准体系，支持不同软件间的协同性与兼容性，构建良好的国产自主软件应用生态，汽车及关键零部件设计、研发、制造等各阶段电子设计自动化工具实现国产化替代，从设计研发到生产基本实现全产业链自主可控；多栖跨越的新型汽车载运工具实现重大突破，在民用和国防领域获得广泛深刻应用。

（三）主要任务、技术途径与可行性分析

1. 车辆零碳

具体包括以下内容：①研究低碳零碳燃料发动机技术，加快研究氢/氨发动机机械结构改进技术、耐防腐和氢脆材料应用技术、高压直喷技术、高能点火技术（引燃技术）、先进燃烧技术、后处理系统改进技术、储氢系统的安全性设计技术等。②研究锂离子电池新材料技术和智能电池及管理系统

技术、基于新材料和新功率器件的车用电驱系统技术等，构建电动汽车自主产业链的循环再生体系。③研究新一代汽车类人智能驾驶理论与技术、新一代数字汽车自主重构理论及技术、新一代数字汽车行走系统原理与技术、飞行汽车技术等，实现汽车行走原理的创新，推动空间资源的开发和低空经济的发展。④研究构建基于碳化硅宽禁带功率器件、新型电工材料、智能控制和云计算的高效率、高系统密度、控制智能化和健康管理网络化的车用电驱系统。⑤研究新一代氢能燃料电池汽车技术，包括单质态和化合态车载氢源、耐高温质子导体、高耐蚀电催化、在线状态监测、高效率供气器件等，为碳中和时代高效零排放氢燃料电池汽车的率先产业化作好准备。⑥研究双向智能充（换）电装备及其配套储能装备、远距离多点双向无线电能传输系统以及电动汽车/充换电站接入点状态全息化感知、能量流径路规划重构、微网群互济协同等车网互动技术。

2. 车辆智能化

具体包括以下内容：①进行具备声光电一体化的测量能力和驾驶环境的认知理解能力的车载传感器智能化技术研究，以及传感器微型化技术研究，研制基于生物仿生检测原理的新型传感器。②进行融合人体工程学和满足用户“五觉”体验的人机共驾交互系统的人机共融理论与关键技术研究，突破手势操控、脑机交互等技术瓶颈。③进行车规级高算力、中央集中控制、多核异构、低功耗的车载计算芯片研发。④进行高实时性和安全性的操作系统、内核系统及中间件等车载操作系统软件关键技术研究，以及高级别自动驾驶功能软件研发。⑤进行智能底盘的动力电池与整车底盘/车身一体化、固态电池与底盘一体化、多电机融合架构等先进结构研究，以及基于机器自学习算法和系统优化运行算法、底盘关键零部件的智能感知与自修复技术的智能底盘安全可靠性技术研究。⑥进行基于千兆以太网和光纤通信等高速汽车网络通信技术的智能底盘高速数据传输与网络架构技术研究。⑦攻克道路智能化技术，数字路网与智能汽车语义交互关系数字化表征技术，进行时空同步、高度集成的多传感器融合路侧专用设备研究，攻克路侧环境智能感知与监测技术，进行数字路网拓扑和架构设计方法理论研究，攻克数字路网云服务平台技术，以及攻克基于智能路网的智能汽车支持和信息互信技术。

3. 多栖汽车方面

具体包括以下内容：①攻克飞行汽车技术，主要涉及支撑飞行汽车安全及高效飞行的高可靠/高能量/高功率密度的“三电”技术、高冗余高安全多模驱动技术、新型高效能飞行机理与结构轻量化技术、高智能全自主飞行控制技术与人机交互技术；②攻克创新汽车行走系统和变结构车身技术；③攻克辅助于立体交通体系智能化运行的飞行汽车低空飞行数据互联技术、空地协同运管技术等。

4. 支撑技术方面

具体包括以下内容：①攻克汽车安全技术；进行功能安全的危害分析和风险评估技术研究，汽车功能安全案例论证体系的理论和方法研究，预期功能安全设计、测试、认证等方面技术研究功能安全的软件架构技术研究；攻克车规级商用密码技术，数据高效利用与区块链管理和安全技术。②解决基础科学领域数字仿真关键问题，构建汽车整车及零部件数字模型数据库。③建立涵盖整车设计、研发、制造等各环节全覆盖的数字仿真软件系族，建立大数据驱动下的智能设计平台，实现设计研发流程自动化，全面有效替代国外工具软件。④建立汽车工业软件标准体系，支持不同软件间的协同性与兼容性，构建良好的国产自主软件应用生态。⑤研发面向新一代数字汽车的仿真测试软件工具链，建设数字化试验场，开展车辆操纵稳定性、行驶平顺性等实车验证的数字仿真试验。⑥研发面向智能网联汽车的虚拟仿真测试工具，通过各类在环仿真测试方法，满足功能安全、预期功能安全、信息安全未来发展要求，实现虚拟场景生成、感知决策控制等虚拟试验验证核心技术突破。⑦形成数字座舱仿真测试、虚拟现实以及脑机接口等数字交互仿真测试工具链。

第十一节　轨道交通原始创新试验能力建设

（一）应用目标

我国轨道交通原始创新试验能力已经基本达到世界先进水平，但仍然存在现有试验资源和标准体系不足以支撑当前交通创新（如超高速铁路、中高速磁悬浮、胶轮路轨系统等）发展需求和未来颠覆性交通模式（如高速飞行列车）试验要求等短板。须持续加大原始创新试验能力投入力度，汇聚前沿科技创新资源，提升前沿科技创新能力，研发具有引领性、颠覆性、全局性的技术，为实现轨道交通装备技术原始创新提供试验支撑。

（二）工程技术目标

以轨道交通装备技术发展需求为导向，围绕轨道交通车辆、线路工程、通信信号、基础设施检测、客运服务、材料工程、节能环保、安全监测、智能运维等系统，全面整合现有轨道交通试验能力和资源，开展核心技术和关键工艺的试验研究及攻关活动，进行战略性、前瞻性的原始创新试验能力探索，开展关键性的基础共性试验技术研究，实现核心零部件的技术提升和试验能力突破，填补轨道交通领域的试验空白。到2040年，初步建成专业齐全、系统完备、设备先进、覆盖全面的轨道交通试验验证体系，助力提高轨道交通自主创新能力和产业核心竞争力，形成具有行业领先水平、结构合理的创新试验团队，并同步构建健全的人才梯队培养机制，为轨道交通原始创新试验能力建设提供持续创新的保障。

（三）主要任务、技术途径与可行性分析

本项目主要着力于化解现有试验资源与经济发展客观需求、先进轨道交通技术发展需求和既有试验资源、颠覆性创新技术发展需求和传统交通现状之间的发展矛盾，大力进行列车环境友好试验技术、整车电磁兼容试验技

术、磁悬浮车辆悬浮耦合动态试验技术、自动驾驶控制试验等关键基础试验技术攻关，整合我国轨道交通整体试验资源，打造兼容重载机车、高速列车、城市轨道交通、磁悬浮列车和未来颠覆性新型交通模式的全生命周期综合性试验基地。

第八章 机械与运载领域工程科技需求牵引的基础研究方向建议

本章基于基础研究发展规律和我国部署状况，结合工程科技能力进行分析，尤其是结合面向当前和未来产业体系安全发展要求，梳理分析关键环节基础研究缺失情况，遴选出面向2040年需要前瞻部署、重点推进的应用基础研究方向。

第一节 机械子领域建议优先部署的基础研究方向

机械子领域共凝练出6个建议优先部署的基础研究方向，涉及极端制造、智能制造、机器人、通用机械、电机等，如表8-1所示。

表8-1 面向2040年的机械子领域建议优先部署的基础研究方向

序号	名称
1	高能束与特种能场制造基础科学问题
2	高性能智能化制造基础科学问题
3	自主智能与群智涌现
4	高效储氢、运氢基础科学问题
5	深海、深空、深地工程共性技术与通用装备基础科学问题
6	高品质伺服电机系统基础科学问题

1. 高能束与特种能场制造基础科学问题

高能束、特种能场与物质相互作用引发的物理、化学变化的理论、现象和规律；高能束、特种能场作用下材料的电子动态及温度场、应力场、应变场控制方法，以及质量迁移和性能演变机制和规律；高能束、特种能场的传输、分解、复合、整形、聚焦与品质检测原理、方法与技术；高能束和特种能场制造的新原理、新方法、新应用及装备。

2. 高性能智能化制造基础科学问题

多能场作用下加工表面的多尺度形性演变机理与创成方法；超高精度高性能表面表征基础理论与使役性能再制造；装配性能在空间域、时间域的形成、保持和演变规律；工艺知识与检测信息融合驱动的制造装备与系统自律运行原理；基于云边协同的智能制造数据动态精准监测机制与数据特征融合机理；制造系统海量异构数据高速、低延时、安全可靠的交互原理与机制；制造过程多源传感、数据封装、异构系统的建模理论与大规模系统的仿真求解机制。

3. 自主智能与群智涌现

针对现有单体与群体机器人自主性低、协同作业能力不强等问题，构建机器人自主与群体思考、观测、移动、交流、工作与人工智能建模、感知、规划、理解和学习精准映射的理论、方法与技术体系，攻克机器人自主智能与群智涌现关键技术，实现机器人自主与群体作业的全面智能化。

4. 高效储氢、运氢基础科学问题

常温高压氢环境下金属表面氢原子形成、侵入及阻氢机制；液氢和深冷高压储运装备高真空多层绝热失效行为，液氢温区金属及树脂基体性能演化及调控机制；固态储氢装备吸放氢过程中储氢合金的循环-粉化-膨胀效应及传热特性。

5. 深海、深空、深地工程共性技术与通用装备基础科学问题

结构-环境-应力多因素共同作用下钛合金外压容器失效破坏的宏微观机制；微细复杂通道、微重力场、极高换热速率等苛刻条件下超临界 CO_2、超临界 He、氦氙混合工质、非共沸混合工质等特殊工质传热特性、热力与机械协同设计理论。

6. 高品质伺服电机系统基础科学问题

高精度、高带宽的伺服电机系统传感与测量架构设计方法；低速或近零

速运行时的误差消减方法，建立伺服电机系统运行工况-控制策略-控制参数间的匹配机制；基于信息融合技术的伺服电机系统运行工况在线判别机制、伺服电机系统工况特征自主感知方法和主动适配工况特征的智能调控方法。

第二节　航天子领域建议优先部署的基础研究方向

航天子领域共凝练出5个建议优先部署的基础研究方向，如表8-2所示。

表8-2　面向2040年的航天子领域建议优先部署的基础研究方向

序号	名称
1	大规模火箭动力快速运输设计理论与方法研究
2	多源异构探测要素融合方法
3	深空复杂环境天体动力学问题
4	发动机振荡燃烧机理、振动控制与鉴定方法
5	应对深空探测极端环境的新型半导体材料与器件及其加固方法

1. 大规模火箭动力快速运输设计理论与方法研究

大尺度动边界大姿态变化跨空天域高速飞行气动非定常效应与多尺度效应耦合机制；高速再入大姿态变化气动布局设计方法；飞行弹道不确定性来源及传播机理；基于不确定性的鲁棒弹道优化方法；半主动热防护技术及热输运与热耗散协同机制；气动力-热-结构多场耦合作用及多次飞行交变应力作用下结构疲劳机理；多飞行阶段指标互异、系统参数不确定作用下的轨迹规划与强抗扰协调控制；基于小子样的极端飞行环境下复杂系统可靠性与再次发射评估方法；高频次长航时，恶劣飞行环境复杂系统寿命评估方法。

2. 多源异构探测要素融合方法

多维信息综合遥感空间系统技术；高空间分辨率成像技术；高辐射分辨率测量技术；高精度空间物理场原位测量技术；多要素遥感器一体化技术；基于压缩感知的空间海量遥感信息获取技术；多源/多维/尺度空间遥感数据融合技术；面向多元应用的遥感数据挖掘/集成技术；多源数据快速处理与分发技术。

3. 深空复杂环境天体动力学问题

借力飞行及小推力轨道设计技术，火星制动捕获段优化控制技术；小行星不规则弱引力场动力学特征表征与末制导技术；冰巨星环绕探测轨道设计技术；地外天体超高速精准交会技术。

4. 发动机振荡燃烧机理、振动控制与鉴定方法

超临界环境下喷雾燃烧特性建模及仿真方法；发动机结构振动传递路径识别方法；发动机极端条件下多场耦合问题的关键物理过程分析；基于试车随机噪声数据的燃烧室稳定性鉴定方法；考虑多阻尼条件的燃烧室声学特性优化方法；撞击式喷注器结构设计准则及验证；基于释热脉动与扰动场空间相位控制的燃烧振荡控制方法；推力室状态差异辨识及纵向振荡燃烧的控制方法；高反压横向/纵向振荡条件下，常温推进剂撞击式喷嘴喷雾响应特性光学观测试验技术。

5. 应对深空探测极端环境的新型半导体材料与器件及其加固方法

耐受77K极端低温、耐受500℃极端高温、耐受1GeV电子及数吉电子伏特质子强辐射的新型半导体材料，基于这些材料的半导体器件建模、极端环境应力效应仿真与多维度加固设计方法，以及基于这些材料的半导体工艺制备与可靠性试验方法。

第三节　海洋装备子领域建议优先部署的基础研究方向

海洋装备子领域共凝练出6个建议优先部署的基础研究方向，如表8-3所示。

表8-3　面向2040年的海洋装备子领域建议优先部署的基础研究方向

序号	名称
1	极地与深海装备设计基础理论与方法
2	海洋动态立管设计与制造中的基础理论问题
3	海洋装备实验精准观测与实海域试验技术
4	水下声学的控制与利用技术
5	深海生物资源的大数据挖掘
6	水下对接与无线传能技术

1. 极地与深海装备设计基础理论与方法

海冰断裂力学机理与冰载荷预报；极地船舶操纵性预报方法；极地船舶载荷反演方法与理论；极地装备破冰技术；极地装备模型试验技术；极地装备防寒测试技术；深海极端环境载荷预报方法；深海装备设计原理；深海细长柔性结构流固耦合作用机理；深海采矿系统设计基础；船舶智能控制与能效优化技术；海上风电设计基础与理论。

2. 海洋动态立管设计与制造中的基础理论问题

立管涡激振动机理与预报方法；柔性立管截面强度分析与疲劳分析；柔性立管模型尺度与实尺度测试技术；多层立管一体化成形制造理论与方法。

3. 海洋装备实验精准观测与实海域试验技术

海洋工程作业环境观测与预报方法；精细流场测量技术；海洋工程总体运动响应高精度观测方法；海洋工程结构监测与预警方法；超大浮体动力行为观测与预报方法；精准观测与实时预报的融合方法；海洋结构物关键设备载荷测试技术；多功能海上试验平台设计技术；实验海域外测系统与内测系统的数据融合技术；长期稳定的无人值守系统；大型、智能化试验平台；试验测量标准、仪器、观测记录等装置；实验数据获取与分析技术；高海况下试验装置的回收；整体设计技术；试验场景与环境重构技术；测试协同通信技术。

4. 水下声学的控制与利用技术

远程高速通信、高精度地形匹配、身份编码辨识、高分辨率测绘、全海深参数观测、海洋灾害预警等。

5. 深海生物资源的大数据挖掘

复杂生态系统拆解与重构理论；极端生命边界与其人工合成；高通量自动化培养系统理论建设；P级数据挖掘与高维极端生命过程解析。

6. 水下对接与无线传能技术

声学导引技术、光学导引技术、数据和能量传输技术、深海环境下对接转裙大角度齿轮啮合技术、洋流等环境干扰下水下精准对接技术等；研究海水环境下能够长期稳定使用的无线传能材料，降低海水腐蚀对传能材料的影响，维持稳定的传输效率；研究水下大功率远距离无线定向传能技术，实现全电潜艇不上浮情况下的快速能源补充，提高战时作战效能；研究海洋水下能源制造及无线传输一体化技术，研发相应系统，实现水下无人平台长期在远海海域持续稳定可靠运行。

第四节　交通运输子领域建议优先部署的基础研究方向

交通运输子领域共凝练出9个建议优先部署的基础研究方向，如表8-4所示。

表8-4　面向2040年的交通运输子领域建议优先部署的基础研究方向

序号	名称
1	高亚声速边界层流动减阻基础研究
2	新型爆震燃烧机理研究
3	高超声速多尺度流动数值模拟方法研究
4	超声速民机声爆抑制机理与控制
5	富氢燃烧过渡态热声振荡机理、预测与控制
6	面向航空智能装备的飞行员态势感知与人机协同理论与技术
7	数字孪生式的航空器单机结构耐久性/损伤容限理论与方法
8	城市（群）综合交通系统自主安全运行基础科学问题
9	城市立体交通系统运控基础科学问题

1. 高亚声速边界层流动减阻基础研究

层流减阻机理、预测及试验；肋条减阻机理、预测及试验；边界层近壁精细化测量技术；表面粗糙度、台阶、噪声等对层流-湍流转捩影响分析；吹吸气效应下的层流-湍流转捩及高精度数值模拟方法。

2. 新型爆震燃烧机理研究

液态碳氢燃料稳定起爆机理；爆震波稳定传播模式；液态碳氢燃料旋转爆震、斜爆震燃烧组织机理；液态碳氢燃料旋转爆震波自持传播机理；斜爆震波流场稳定性；大尺度油气混合、填充与爆震燃烧过程匹配方法；旋转爆震涡轮发动机、斜爆震冲压发动机可行性验证理论与方法。

3. 高超声速多尺度流动数值模拟方法研究

高超声速边界层转捩-湍流一体化计算方法；稀薄气体动力学数值模拟计算；跨流域空气动力学模拟方法与返回舱再入气动模型；高超声速气动热数值模拟中的化学非平衡效应；高超声速飞行器等离子体流动高精度数值模拟方法。

4. 超声速民机声爆抑制机理与控制

超声速流动波系干扰基础理论模型，超声速风洞实验技术和风洞数据修正方法；超声速流场波系干扰高精度预测方法；超声速民机快速设计及评估软件；新型超声速民机低声爆控制技术；新概念低阻低声爆构型气动优化方法。

5. 富氢燃烧过渡态热声振荡机理、预测与控制

高压预混火焰富氢状态下的燃烧组织方式及热声振荡机理；质量流量与当量比过渡态变化时热声振荡响应机理及规律；基于低阶模型的过渡态热声不稳定性预测方法；基于非平衡态等离子体的过渡态热声不稳定性主动反馈控制方法及机制。

6. 面向航空智能装备的飞行员态势感知与人机协同理论与技术

基于态势感知的人机混合智能模型；飞行员态势感知能力状态表征与判别模型；航空任务情境下的人机混合情境意识失误机理与监测；基于飞行特情态势感知知识图谱的飞行员作业意图识别；基于态势感知增强的人机协同策略优化方法。

7. 数字孪生式的航空器单机结构耐久性/损伤容限理论与方法

内嵌式柔性传感器结构健康监测方法；考虑多源不确定性的航空结构概率性损伤演化理论；基于单机飞行参数的关键结构载荷识别技术；面向实时响应仿真的多尺度结构降阶理论；融合模型预测与损伤检测数据的结构寿命/检查间隔调整方法。

8. 城市（群）综合交通系统自主安全运行基础科学问题

综合交通运输网络分层/跨模式自主协同运行机制及共特征知识空间构

建方法；系统性能增强导向的复杂组分安全互操作机制；多种交通方式自主协同运行条件下良性博弈机制、系统安全特征涌现机理和安全行为动态边界辨识问题；空轨路交通主体运行态势协同认知、共识与理解响应机制；人-车-物-环互利互馈关系塑造理论；跨主体全域共享运行环境智能感知方法；系统自由与受控运力资源自组织精准配置和运行调控自决策方法；多层次协同系统风险因果拓扑发现、风险影响评估与高效防控理论；复杂突发事件场景应急响应自主决策与处置恢复方法。

9. 城市立体交通系统运控基础科学问题

城市立体复杂环境感知与认知机制；受限条件下分布式立体架构图与定位方法；不确定性环境下风险评估机制以及多域信息融合自主切换决策与规划；空地混合环境交互动力学与控制理论；城市立体交通系统多源通信网络架构和容错机制；立体运载平台摄动与扰动实时补偿控制机制；强空间约束立体运载平台动态特性突变机理；空地强耦合环境交互动力学机理；立体运载平台多向动力学耦合作用与调控机制；环境交互条件下多模态机动力精确调控方法；城市立体交通系统运控可靠性验证理论与方法。

第九章　机械与运载领域发展推进措施和政策建议

第一节　健全科技创新生态体系

一是深入实施产业强链、补链行动，系统性推进补短板、锻长板。建立和完善产业政策长效支持机制，推动产业政策向重点技术攻关型企业转变，围绕技术和产品的市场化目标“择优扶强”，重点培育“专精特新”、“隐形冠军”和“独角兽”企业。二是大力推动先进制造业集群培育。依托我国产业发展底蕴深、产业集聚度高、产品谱系全、创新能力强的优势地区，集聚发展先进装备、核心部件和关键系统，构建世界级装备产业集群。三是支持龙头企业和平台型企业培育协同创新生态，发挥龙头企业在“围绕产业链部署创新链”中的作用，带动产业链、创新链上下游企业协同攻关，形成扁平化和自治型的联合创新体，以生态式发展促进产业链与创新链双向深度耦合。

第二节　加大财税政策支持力度

一是以市场需求为导向，制定鼓励主机企业使用首批国产关键零部件的优惠政策，建立税收优惠目录，为国产主机企业和最终用户提供配套的税收优惠和政策补贴。二是加大政府采购支持力度。适时调整政府采购目录，在性能指标相同的情况下，通过政府采购购买国内产品；建立采购搭配制度，按比例搭配能满足性能指标要求的国产基础零部件/元器件、基础材料。三是建立使用国产基础产品的保险及风险补偿机制，采用利益共享、风险共担等方式，给予使用者一定的补贴和信用担保，以消除使用国产基础产品的风险。

第三节　加强多层次人才队伍建设

一是建立高端人才引进绿色通道，完善技术入股、股权期权激励、科技成果转化收益分配等机制，重点培养和造就面向工业创新需求的实战型工程技术人才、培养具有扎实素养的应用型研发人才，建立一支包含创新型研发人才、高级营销人才、专业技能人才等在内的专业化人才队伍。二是在K12教育中加入和深化人工智能相关课程知识，支持高校和企业联合建立支持跨学校、跨学科、跨行业的新一代人工智能开放创新科教平台，创新产教融合、科研育人的人才培养模式。

二是健全科技创新生态体系、加大财税政策支持力度以及加强多层次人才队伍建设，不仅是我国当前及未来科技创新与产业升级的核心战略，更是推动经济社会全面进步、实现可持续发展的关键路径。这些战略举措的深入实施，将在多个维度上对我国科技创新能力的提升产生深远影响，为经济高质量发展注入源源不断的活力与动力。

随着科技创新生态体系的不断完善、财税政策支持力度的持续加大以及多层次人才队伍建设的深入推进，我国必将涌现出更多具有自主知识产权的核心技术和创新产品，形成一批具有国际竞争力的创新型企业和产业集群。这不仅有利于推动我国经济实现高质量发展，还将为我国建设创新型国家、实现科技自立自强奠定坚实基础。

参 考 文 献

包为民，汪小卫. 2021. 航班化航天运输系统发展展望[J]. 宇航总体技术，5（3）：1-6.

包为民，汪小卫. 2022. 地月空间探索与开发的思考[J]. 宇航学报，43（6）：705-712.

陈维荣，王颖民，李秉训，等. 2023. 氢能轨道交通的研究现状与发展趋势[J]. 机车电传动，（3）：1-11.

初建树，曹凯，刘玉涛. 2021. 智能船舶发展现状及问题研究[J]. 中国水运，（2）：126-128.

褚陈宏，陈菲，姬光，等. 2023. 城市轨道交通网络安全保障与主动防控体系研究[J]. 铁路技术创新，（3）：17-24.

邓自刚，刘宗鑫，李海涛，等. 2022. 磁悬浮列车发展现状与展望[J]. 西南交通大学学报，57（3）：455-474，530.

樊运新. 2019. 我国重载电力机车发展历程及思考[J]. 机车电传动，（1）：9-12，22.

范今，张春光，刘金平. 2017. 城市轨道交通系统测试国家工程实验室方案设计[J]. 现代城市轨道交通，（8）：58-62.

冯江华. 2006. 电力电子技术与铁路机车牵引动力的发展[J]. 变流技术与电力牵引，（2）：63-66.

郭朝先，苗雨菲，许婷婷. 2022. 全球工业软件产业生态与中国工业软件产业竞争力评估. http://gjs.cssn. cn/kydt/kydt_kycg/202201/t20220129_5391073.shtml[2022-01-29].

洪术华，宋雍，叶景波，等. 2019. 海洋工程发展现状与跨越发展战略[J]. 船舶工程，41（S2）：264-268.

胡震，曹俊. 载人深潜技术的发展与应用[J]. 中国工程科学，2019，21（06）：87-94.

梁建英. 2022. 中国高速磁浮交通系统发展现状与展望[J]. 科学 74（5）：31-36，2，69.

梁瑜，何世伟，宋瑞，等. 2022. 智慧城市轨道交通系统架构研究[J]. 城市轨道交通研究，25（4）：95-99.

林宏，刘俊，刘闻东，等. 2012. 日本铁路运输组织现状及启示[J]. 铁道运输与经济，

34（3）：65-72.

潘云鹤，唐启升. 2020. 海洋工程科技中长期发展战略研究报告[M]. 北京：海洋出版社.

沙淼. 2023. 氢能源市域列车书写绿色低碳轨道交通新篇章[J]. 城市轨道交通研究，26（4）：10，157-158.

史俊玲. 2016. 国外高速列车技术特点及发展趋势研究[J]. 中国铁路，（1）：95-98.

宋宪仓，杜君峰，王树青，等. 2020. 海洋科学装备研究进展与发展建议[J]. 中国工程科学，22（6）：76-83.

王都，孙宁，关凤宇. 2013. 我国城市轨道交通综合试验线的建设及其功能[J]. 现代城市轨道交通，（1）：1-4.

王小军. 2022. 下一代航天运输系统发展思考[J]. 导弹与航天运载技术，（6）：1-7.

吴有生，赵羿羽，郎舒妍，等. 2020. 智能无人潜水器技术发展研究[J]. 中国工程科学，22（6）：26-31.

熊嘉阳，邓自刚. 2021. 高速磁悬浮轨道交通研究进展[J]. 交通运输工程学报，21（1）：177-198.

杨建民，刘磊，吕海宁，等. 2020. 我国深海矿产资源开发装备研发现状与展望[J]. 中国工程科学，22（6）：1-9.

杨少辉，李长波，高广达，等. 2022. 轨道交通与区域协同发展研究[J]. 城市交通，20（2）：11-20.

杨思博. 2021. 欧盟铁路标准体系研究[J]. 铁路工程技术与经济，36（2）：15-18.

叶培建，邹乐洋，王大铁，等. 2018. 中国深空探测领域发展及展望[J]. 国际太空，（10）：4-10.

岳芳. 2021. 美国能源部发布到2030年海上风电目标及技术研发重点[EB/OL]. http://www.casisd.cn/zkcg/ydkb/kjqykb/2021/202106/202108/t20210809_6155263.html[2021-08-09].

朱毅麟. 2013. 航天软实力、国际化与航天强国的概念[J]. 航天器工程，22（2）：7-10.

Wang X W，Zhang F，Hu D S，et al. 2023. Review，Prospect and Technical Challenge of Launch Vehicle[EB/OL]. https://www.researchgate.net/publication/370056497_Review_Prospect and_Technical_Challenge_of_Launch_Vehicle[2023-04-30].

WIPO. 2023.Global Innovation Index 2023：Innovation in the face of uncertainty(16th Edition)[R]. Geneva：WIPO.

关键词索引